智元微库

OPEN MIND

成长也是一种美好

吃好喝好，没有烦恼

[新加坡]

蔡澜 著

人民邮电出版社

北京

图书在版编目（ＣＩＰ）数据

吃好喝好，没有烦恼 /（新加坡）蔡澜著. -- 北京：
人民邮电出版社，2024.3
ISBN 978-7-115-63241-8

Ⅰ. ①吃… Ⅱ. ①蔡… Ⅲ. ①饮食—文化—中国—文
集 Ⅳ. ①TS971.202-53

中国国家版本馆CIP数据核字(2023)第233588号

版权声明

◆　　　　　著　　 ［新加坡］蔡　澜
　　　　责任编辑　　王铎霖
　　　　责任印制　　周昇亮
◆ 人民邮电出版社出版发行　　北京市丰台区成寿寺路 11 号
　邮编　100164　　电子邮件　315@ptpress.com.cn
　网址　https://www.ptpress.com.cn
　天津千鹤文化传播有限公司印刷
◆　开本：880×1230　1/32
　印张：7.25　　　　　　　　　2024 年 3 月第 1 版
　字数：150 千字　　　　　　　2024 年 3 月天津第 1 次印刷
　　　　著作权合同登记号　图字：01-2023-2487 号

定价：69.80 元
读者服务热线：（010）67630125　印装质量热线：（010）81055316
反盗版热线：（010）81055315
广告经营许可证：京东市监广登字 20170147 号

吃得好一点，睡得好一点，多玩玩，

不羡慕别人，不听管束，

多储蓄人生经验，死而无憾，

这就是最大的意义吧，一点也不复杂。

蔡澜先生 1941 年出生于新加坡,祖籍广东潮州。父亲蔡文玄去南洋谋生,常望乡,梦见北岸的柳树,故取笔名"柳北岸";蔡澜生于祖国之南,父亲为其取名"蔡南",为避家中长辈名讳,改为"蔡澜"。蔡澜先生戏称,自己名字谐音"菜篮",因此一生热爱美食。

蔡澜先生拥有许多身份,他是电影监制、专栏作家、主持人、美食家;他交友众多,与金庸、黄霑、倪匡并称"香港四大才子";他爱好广泛,喝酒品茶、养鸟种花、篆刻书法均有涉猎;他活得潇洒,过得有趣,曾组织旅行团去往世界各地旅行游历,不少人认为他也是难得的生活家。

春节前后,蔡澜先生开放微博评论回复网友提问,不少网友将日常纠结、内心困惑、生活难题和盘托出,等待蔡澜先生解惑。面对网友,蔡澜先生智慧而不说教,毒舌但不高傲,渊博而不卖弄;面对读者,他诉说旅行见闻,介绍美食经验,回顾江湖老友,分享人生乐事。隔着屏幕,透过纸页,蔡澜先生用诙谐有趣的语言和鞭辟入里的观点收获了很多年轻人的喜爱。

读他
通透，豁达，
活得潇洒

提到蔡澜，很多人会想到"香港四大才子"。金庸先生生前常与蔡澜先生同游，他这样评价这位朋友："我现在年纪大了，世事经历多了，各种各样的人物也见得多了，真的潇洒，还是硬扮漂亮，一见即知。我喜欢和蔡澜交友交往，不仅仅是由于他学识渊博、多才多艺、对我友谊深厚，更由于他一贯的潇洒自若。好像令狐冲、段誉、郭靖、乔峰，四个都是好人，然而我更喜欢和令狐冲大哥、段公子做朋友。"

金庸先生是蔡澜先生年少时的文学偶像，他们后来竟成了朋友。蔡澜先生总说："怎么可以把我和查先生并列？跟他相比，我只是个小混混。"四个人中，蔡澜先生年纪最小，因此他不得不一次次告别老友。书里写他与众多友人的欢聚时刻，多年后友人也渐渐远行。蔡澜先生喜爱李叔同的文字，这一路走来，似乎印证了"天之涯，地之角，知交半零落"这句歌词，但这似乎又不符合他的心境，因为当网友问到"四大才子剩你一人，你是害怕多一点还是孤独多一点"时，蔡澜先生回道："他们都不想我孤独或害怕的。"

蔡澜先生爱好广泛，见识广博，谈起美食，从食材选择到烹饪手法，再到哪里做得正宗，他如数家珍；谈起美酒，他对年份、产地、口感头头是道；谈起电影，他又有多年的从业经验，与一众名导、演员有过合作；谈起文学，他有家族的传承——父亲是作家、诗人，郁达夫、刘以鬯常来家中做客；至于茶道、书法、篆刻，他也别有一番研究。

蔡澜先生喜爱明末小品文，其写作风格也受到当时文人的影响，而妙就妙在，他继承了过去文人那种清雅、隽永的文风，他的文章形式上简洁精练，意蕴悠远绵长，但同时，他又未与"Z世代"有所区隔，他熟练使用社交网络，和年轻人交朋友，对新鲜事物充满热情。他不哀怨，不沉重，不说教，常以通透、豁达的形象示人，正如金庸先生所言："蔡澜是一个真正潇洒的人。率真潇洒而能以轻松活泼的心态对待人生，尤其是对人生中的失落或不愉快遭遇处之泰然，若无其事，他不但外表如此，而且是真正的不萦于怀，一笑置之。"

蔡澜先生交游甚广，是很多人的好朋友。倪匡先生曾说："与他相知逾四十年，从未在任何场合听任何人说过他坏话的。"

究其原因，多半是他那份仗义和真诚让人信任。

年轻时，蔡澜先生的生活可算是"花团锦簇"。年少时的他交往了众多女朋友，连父亲都同老友说："这孩子年轻时女朋友很多。"到后来，他回顾年轻时的自己，也说"我并不喜欢年轻时的我"。

很多人常议论蔡澜先生年轻时的风流，也有不少人视其为"浪子"，称他是绝对的大男子主义，但他为女性仗义执言又颇让女士们受用。面对"剩女"这一性别歧视类话题，蔡澜先生就表示："剩女这个名字本身就是失败的。什么剩什么女呢，人家不会欣赏罢了。大家过得开开心心，几个女的一块，去玩呐，哪里有什么剩不剩。剩女很好，又不必照顾这个，又不必照顾那个。快点去玩！"这样的言辞让人忍俊不禁，直呼他是大家的"嘴替"。

不仅如此，他还呼吁女性把钱花在增长学识上，鼓励女性多读书、多旅行，拥有自己把日子过好的能力。

蔡澜先生极度坦诚，他从不掩非饰过，也不屑弄虚作假。因"食家"的身份被众人所知后，他不接受商家请客，坚持自己付账，就为了能客观评价餐厅。有餐厅老板找他合影，他不好拒绝，但担心商家用合影招揽食客，于是约定，板着脸合影，表达也许这家餐厅味道不怎么样。

读他
一段过往，
笑对自己的人生

蔡澜先生的人生经历可谓精彩。他生于第二次世界大战期间，青年时期留学日本，在电影行业工作几十年，见证了草创时的筚路蓝缕，也见证了黄金时期的繁荣景象。书里有他的童年回忆和故人旧事，有他拍电影时的所见所感，有他悠游天地间的见闻，有他追忆老友的感人片段。蔡澜先生如今已 80 多岁，但这套书里充满了当代年轻人所喜爱的要素。探店？蔡澜先生寻味的足迹遍布世界各地，吃过的餐厅数量绝对可观。城市漫步（Citywalk）？蔡澜先生可是组过旅行团的，金庸先生就是他的团友。吃播测评？蔡澜先生参加过诸多美食节目，也常发文品鉴美食。生活美学？蔡澜先生就是一个能把艺术、生活与哲理融合在一起的人，他对日常生活的独到见解，相信可以打动很多人。

他对很多事都展现出强烈的好奇心，因为什么都想试试看，才能慢慢变成懂得欣赏的人。这套书涵盖了蔡澜先生 80 载人生经历，囊括 40 年寻味的饮食经验，有他的志得意满和年轻气盛，也有他如童稚时的那般调皮与恶作剧。他的追溯，仿佛能唤起我们内心的情感共振，我们如此这般，似乎只是一个想念妈妈做饭味道的小朋友。

在 2023 年摔伤之前，蔡澜先生总是笑着出现在众人面前，他也常说"希望我的快乐染上你"。他并非没有愁肠，只是选择不把痛苦的一面展露出来。他说："我是一个把快乐带给别人的人，有什么感伤我都尽量把它锁在保险箱里，用一条大锁链把它锁起来，把它踢进海里去。"所以，在生活节奏加快，我们的人生不断遇到迷茫和挑战的今日，希望这套书能如蔡澜先生其人一般，给大家带来快乐，让更多人开心。

出 版 说 明

　　蔡澜先生中学时便开始写作投稿，40 岁前后开始系统性地撰写专栏，多年来撰写了多种类型的文章。因老父赴港在餐厅等位耗时颇久，蔡先生下决心"打入饮食界"，这些年他吃在四方，撰写了大量的文章，这些文章零散发表在各处，这次蔡先生挑选历年文章，重新修订，整理成系统、精彩的文集，奉献给读者。

　　本次出版图书 2 套，共 8 本，从"饮食"和"人生"两个方面集萃蔡澜先生这几十年的饮食经验和人生经历。"饮食经验"一套分别介绍食材、烹饪方法、外国饮食文化及中华饮食文化；"人生经历"一套按时间划分，分别反映从他出生到 20 世纪 80 年代、20 世纪 90 年代、千禧年后第一个 10 年以及 2010 年至今的生活体悟。

　　除蔡澜先生多年来撰写的各类旧文，这套书还与时俱进，收录了蔡澜先生近些年的新作，分享其在疫情期间居家自娱自乐的生活趣事。蔡澜先生出生于新加坡，现长居中国香港，其语言习惯和用词与规范的汉语不免存在差异，现作以下说明。

1. 蔡澜先生文章中使用的方言表述，如"巴仙""难顶""好彩"等，我们仍保留其原状，只在首次出现时标注其通用语义；如意大利帕尔马火腿，粤语发音也叫"庞马火腿"，我们沿用其"庞马火腿"之名，也在首次出现时注明。一些食物有多种称谓，我们通常使用其被广泛使用的名称，如"梳乎厘"，我们统一写作"舒芙蕾"。

2. 文中使用的外文表述，包括但不限于英语、法语、日语等名称，我们尽量列出其中文译名，实在无法对应之处，我们在文中仍保留外文名。

3. 本书文章写作时间跨度极大，但所有文章均写于 2023 年之前，文中所提及的食材的安全性、卫生标准及合法性均视写作时的具体情况而定，本书不做追溯。关于各地旅行的见闻，代表蔡澜先生游览之时的具体情况，反映当时当地的状况，并非今日之实况。因经济发展、社会变迁而早已不适用于今日的内容，我们酌情做了删减。

4. 蔡澜先生年轻时留学日本，后来因工作及个人爱好前往世界各地旅行，文中提到的货币汇率，均代表写作文章时的汇率，我们不做换算。

作为一名食家，蔡澜先生对食材、美食、餐厅的看法均为他这几十年亲自品评所得之体会，而非仰赖权威机构排名。正如蔡澜先生评价食评人汉斯·里纳许所言："我对他的判断较为信任，至少他说的不是团体意见，全属个人观点。可以不同意，但不能说他不公平。而至于口味问题，全属个人喜恶。"我们秉持求同存异之态度，向诸位读者展现蔡澜先生的心得，也欢迎读者与我们一同探索美食的真味。

今天要比昨天高兴，明天又要比今天开心。这是蔡澜先生一再告诉我们的。希望我们的几本书能像一个"开心菜篮"，让大家从蔡澜先生的故事中采撷快乐，收获开心。

目录

059   第二章 ──────────────

回味：良久有回味，始觉甘如饴

———————— 第三章　　*125*

品味：什么都试试看，方懂欣赏

我只是一个喜欢吃的人

和小朋友聊天。

问：“你是不是眼睛一看，就知道这道菜好不好吃？”
答：“有些菜可以的。”

问：“比方说？”
答：“比方说，上了一碟鸡蛋炒虾仁，那些虾，已经冷冻得变成半透明了，怎会好吃呢？”

问：“那你就不举筷了？”
答：“也不是，朋友请客的话，我会夹鸡蛋来吃，鸡蛋是无罪的。”

问：“就说虾吧，当今的虾多数是养殖的，但偶尔也能吃到野生的，你能分辨出是养殖的还是野生的吗？”
答：“一碟白灼虾上桌，如果虾尾是扇开的，那就是野生的，合在一起的，多数就是养殖的。”

问：“这么厉害？”
答：“也是听专家说过，自己再观察得到的结果，像那尾方脷，是不是好吃，吃鱼专家倪匡兄说翻开肚子来一看，是粉红色的，一定没错。要是有黑色斑点，肉就又老又有渣，百试百灵。”

问：“（是否知道）东西正不正宗呢？”
答：“粗略可以知道，像上海菜的烤麸，用刀切，而不是用手掰，就知道味道好不到哪儿去。"不过我不是真正的江浙人，对它的味道的感知没有那么灵敏。查先生说广东人炒不好上海菜，也许有道理，但我吃过钟楚红的家公家里的上海菜，虽然是顺德女人煮的，但她长年来受朱旭华先生指导，做出来的烤麸，也算是正宗。"

问：　"这么一说，你也能分得出正宗的日本菜味道吧？"
答：　"我在日本住了八年，好的餐厅多数去过，是不是正宗，我还吃得出来；像韩国菜，我到韩国的次数至少有 100 回以上，我说出的许多正宗的韩国菜味道，纵使韩国人也可能不知道。这也是我的徒弟阿里峇峇敬佩我的地方，韩国人个性直爽，你比他们厉害，他们就服你，所以阿里峇峇拜我为师。"

问：　"法国菜呢？"
答：　"这我不敢自称专家了，毕竟我吃得不多。"

问：　"吃得不多，是不喜欢？"
答：　"不喜欢的，是那种排场，所谓的巴黎人精致料理，一吃三四个小时，不适合我这种性子急的人。但法国乡下，有很多家庭餐厅，随意吃吃，我就很欣赏。"

问：　"可以说你比较喜欢意大利菜了？"
答：　"对的，意大利菜和中国菜一样，是一种吃起来很有满足感的菜，大锅大碗的，一家人大吃大喝。我对意大利菜的认识较深。"

问： "西班牙菜呢？"

答： "和意大利菜一样，也喜欢。"

问： "有什么不喜欢的呢？"

答： "假的，都不喜欢。"

问： "什么是假的？"

答： "那些做日本菜的，通街都是，弄一大堆假日本鲑鱼的外国货，怎么会不令人讨厌呢？"

问： "和假西餐同一个道理？"

答： "对。所谓假，还包括学了一两道散手①就出来开店的，做来做去都是什么烤羊架、煎带子、油炸鸭腿等，又用个铁圈子，把肉塞在里面就拿出来，还在碟子上用酱汁乱画，这种菜，怎能吃得下？"

问： "但这些就是我们年轻人学习吃外国菜的道理呀！"

答： "不错，第一次可以，第二次、第三次、第四次受骗，你就是傻瓜，不可救药。"

---

① 散手，粤语，意思是本领、技能。——编者注

问： "我很想问一个许多人都想问的问题，那就是怎么能成为一个像你
    一样的美食家？"

答： "'美食家'我不敢当，我只是一个喜欢吃的人，问我怎么成为什
    么什么家，不如问我怎么求进步。我的答案总是'努力、努力、
    努力'，没有一件事是不努力就可以得来的，努力过后就有收获，
    用这些收获去把生活质量提高，活得比昨天更好，希望明天比今
    天更精彩。"

问： "说得容易，做起来难。"

答： "不开始，怎么知道难？"

问： "我们年轻人为了努力，对吃喝怎么会有太高要求？所以只有到快
    餐店去解决了。"

答： "早一小时起身，自己煎个蛋，或者煮好一碗面，也不是太难，做
    个自己喜欢的便当，也能吃得好，这就是所谓的努力了。"

问： "听说你是永远不去快餐店的？"

答： "流行过一个笑话，说我到风月场所给狗仔队拍了照片，编辑知
    道我好色，不出奇，就扔进了垃圾桶。如果我从某快餐店走出来，
    给人家拍了照片，这才是'一世英名，完全丧失'。哈哈哈哈。"

第一章

寻味

乡愁就是舌尖的思念

妈妈的菜最好吃

有个聚会要我去演讲，指定要一篇讲义，主题是"说吃"。我一向没有稿就上台，正感麻烦。后来想想，也好，作一篇，今后再有人邀请就把稿交上，由旁人去念。

女士们，先生们：

吃，是一种很个人化的行为。

什么东西最好吃？

妈妈做的菜最好吃。这是肯定的。

你从小吃过什么，这个印象就深深地烙在你大脑里，它永远是最好的，也永远是找不回来的。

老家门前有棵树，好大。长大了再回去看，不是那么高嘛，道理是一样的。

东方人去外国旅行，西餐一个星期吃下来，无论怎么难吃，也想去一间蹩脚的中菜厅吃碗白饭。洋人来到我们这里，每天给他们吃鲍参翅肚，最后还是发现他们躲在快餐店啃面包。

有时，我们吃的不是食物，是一种习惯，也是一种乡愁。

一个人懂不懂得吃，也是天生的。遗传基因决定了他们对吃没有什么兴趣的话，那么一切食物只是养活他们而已。

喜欢吃东西的人，基本上都有一种好奇心。什么都想试试看，慢慢地就变成一个懂得欣赏食物的人。

大家对食物的喜恶都不一样，但是对不想吃的东西你试过了没有？好吃还是不好吃，试过了之后才有资格判断，没吃过你怎么知道不好吃？

吃，也是一种学问。

这句话说出来似乎很抽象。

爱看书的人，除了《三国演义》《水浒传》和《红楼梦》，也会接触希腊的神话、拜伦的诗、莎士比亚的戏剧。

我们喜欢吃东西的人，当然也须尝遍亚洲、欧洲和非洲的佳肴。

吃的文化，是交朋友最好的武器。

你和中国宁波人谈起蟹糊、黄泥螺、臭冬瓜，他们大为兴奋。你和中国香港人讲到云吞面，他们一定知道哪一档最好吃。你和中国台湾人的话题，也离不开蚵仔面线、卤肉饭和贡丸。一提起火腿，西班牙人双手握指，放在嘴边深吻一下，大声叫出：mu——

顺德人最爱谈吃了。你和他们一聊，不管天南地北，都会扯到食物上面，说什么他们妈妈做的鱼皮饺天下最好。

"全世界的东西都被你尝遍了，哪一种最好吃？"

笑话。怎么尝得遍？看地图，那么多的小镇，再做三辈子的人也没办法走完。有些菜名，听都没听过。

对于这种问题，我多数回答："和女朋友吃的东西最好吃。"

的确，伴侣很重要。心情也影响一切。身体状况更能决定眼前的美食吞不吞得下去。和女朋友吃的最好，这绝对不是敷衍。

谈到吃，离不开喝。喝，同样是很个人化的。北方人喜好的是白酒，二锅头、五粮液之类，那股味道，喝了藏在身体中久久不散。他们说什么白兰地、威士忌都比不上它，我就最怕了。

洋人爱的餐酒我只懂得一点皮毛，反正好与坏，凭自己的感觉，绝对别去扮专家。一扮，迟早露出马脚。

应该是绍兴酒最好喝，我刚刚从绍兴回来，在街边喝到一瓶 8 元人民币的"太雕"，远好过什么 8 年 10 年 30 年的酒。但是最好的还是香港"天香楼"的。好在哪里？好在他们懂得把老的酒和新的酒调配，这种技术内地还没学到，尽管老的绍兴酒他们多的是。

我帮过法国最著名的红酒厂厂主去试"天香楼"的绍兴酒，他们喝完惊叹东方也有那么醇的酒，这是他们从前没喝过之故。

老店能生存下去，一定有它们的道理，西方的一些食材铺子，经过时非进去买些东西不可。

像意大利米兰的 Il Salumiao 的香肠和橄榄油，法国巴黎馥颂（Fauchon）的面包和鹅肝酱，英国伦敦福特纳姆和玛森公司（Fortnum & Mason）的果酱和红茶，比利时布鲁塞尔歌帝梵（Godiva）的朱古力等。

鱼子酱还是伊朗的比俄罗斯的好，因为从抓到一条鲟鱼，要在 20 分钟之内打开肚子取出鱼子。上盐，太多了过咸，太少了会坏，这种技术，也只剩下伊朗的几位老匠人掌握。

但也不一定是最贵的食物最好吃，豆芽炒豆卜，也是很高的境界。意大利人也许说是一块薄饼。我在那不勒斯也试过，上面什么材料也没有，只是一点西红柿酱和芝士，真是好吃得要命。

有些东西，还是从最难吃变为最好吃的，像日本的所谓什么中华料理的韭菜炒猪肝，当年我认为是咽不下去的东西，当今回到东京，常去找来吃。

我喜欢吃，但嘴绝不刁。如果多走几步可以找到更好的，我当然肯花这些功夫。附近有家藐视客人胃口的快餐店，那么我宁愿这一顿不吃，也饿不死我。

你真会吃东西！友人说。

不。我不懂得吃，我只会比较。有些餐厅老板逼我赞美他们的食物，我只能说："我吃过更好的。"

但是，我所谓的"更好"，真正的老饕看在眼里，笑我旁无人也。

谢谢大家。

种种食物，慰藉你味觉上的乡愁

在国内众多杂志中，《三联生活周刊》是一本可读性颇高的读物，每周有 20 万至 30 万的发行量。这个数目，算是很高的了。

（杂志）资料收集得相当齐全，尤其是他们的特辑，像第 721 期的"寻寻觅觅的家宴味道——最想念的年货"，更是精彩。以春卷代表正月的初一，初二是年糕，初三是桂花小圆子，初四枣泥糕，初五八宝饭，初六火腿粽子，初七双浇面，初八豌豆黄，初九素馅饺子，初十腊味萝卜糕，初十一干菜包，初十二菜肉馄饨，初十三芸豆卷，初十四包子，而元宵节则以汤圆来结束。这些食物满足了东南西北的读者，尤其是离乡背井的，一定有一种能慰藉你味觉上的乡愁。

接下来，杂志详细地报道了香港的腊味、增城的年糕、顺德的鲮鱼、湖北莲藕与洪山菜薹、秃黄油、盐水鸭、天目笋干、灯影牛肉、汕尾蚝、白肉血肠、湖南腊肉、宁波鱼鲞、苏北醉蟹、叙府糟蛋、霉干菜、锡盟羊肉、香港海味、大白猪头、酱板鸭、金华火腿、天府花生、浙江泥螺、广西粽子、四川香肠、大连海参、西藏松茸、漾濞①核桃、福州鱼丸、石屏豆腐、东北榛蘑、藏香猪、红龟粿、清远鸡、宣威火腿、闽南血蚶、油鸡枞、米花糖等。

一定可以找到一些你从小吃的，如果你是中国人的话，也有更多你听都没听过的，让你感到国土之大和自己的渺小，做三世人，也未必一一尝遍，况且还有更多的做法，因为这些，只是原食材而已。

《三联生活周刊》杂志有个特约撰稿人叫殳俏，她老远地从北京来到香港深入采访，更去了潮汕和其他很多地方，素材是从她多年来为这本杂志写专题中选出来的。

《三联生活周刊》的记者更是遍布中国各地，由他们写自己最熟悉的食材，而不是去介绍什么名餐厅、大食肆，这是很聪明的做法，因为这些地方不是大家都去过，也不是众人吃得起的，而食材的介绍和推荐，就没话可说了。

《舌尖上的中国》的影响，不能说没有，但文字的记载跟纪录片的影像不同，给读者留下了很大的遐想空间。有时候，想出来的比真正吃到的更美味。

最有趣的是读到《秃黄油》这一篇。从名字说起，这道菜来自苏州，苏州有些菜，极其雅致，名字却古怪，其实"秃"字就是苏州话的"忒"，特别纯粹的意思，纯粹的蟹膏和蟹黄，用纯粹的猪网油来烹调。蟹膏要黏，也要腻，其他菜都怕这两样东西，但秃黄油非又油又腻又黏不可，用来送饭，天下美味，亏得中国人想得出来。

---

① 即漾濞彝族自治县，该县位于云南省西部。——编者注

油腻吃过，来点蔬菜，我一生最爱吃的是豆芽和菜心，而梗是紫红颜色的菜心最好吃。菜心，内地人又叫菜薹，杂志中介绍了洪山菜薹，令人向往。

菜薹是湖北人的骄傲，同纬度产地之中，也唯有湖北洪山的最清甜可口，很早就被当成贡品。流传至今的故事中，有三国的孙权母亲病中思念洪山菜薹，孙权命人种植为母解馋，故它亦叫孝子菜。苏东坡三次到武昌，也是为了找菜薹。我这次刚好要去武汉做推销新书的活动，已托友人找好洪山菜薹，可惜对方说已有点过了时节，那边土话叫"下桥"，但答应我找找有没有这"漏网之菜"。

很多读者都知道我是一个"羊痴"，当然要看杂志中的介绍，什么地方的羊最美味。单单是羊汤一例，就有苏州藏书羊、山东单县羊、四川简阳羊和内蒙古海拉尔羊的"四大羊汤"，究竟哪里的羊肉敢称天下独绝？

在内蒙古自治区，有一个叫锡林郭勒盟的地方，简称锡盟。从烤全羊开始，住在当地多年的记者王珑锟推荐了多种吃法，反而没有提到羊汤。但不要紧，最吸引我的是他说的奶茶和手把肉。

锡盟人的早茶可以从八点喝到十点，除了奶茶和手把肉，还有炸果子、肉包子、酸奶饼，再加上佐蒜蓉辣酱吃的血肠、油肠和羊肚。

手把肉的做法是：白水大锅，旺火热沸，不加调料，原汁原味。煮好的手把肉乳白泛黄，骨骼挺立，鲜嫩肉条在利刀下撕扯而出，吃时尽显男儿豪迈。

奶茶则与香港人印象中的完全不一样。牧民把煮熟的手把肉存放起来，等到再吃时，把羊肉削为薄片，浸泡在滚烫的奶茶之中，而奶茶是用牛奶和砖茶，就是我们喝惯的普洱，混合熬成，既可解渴，又能充饥，还能帮助消化呢。

看了这篇文章之后，说什么也要找个机会跑去锡盟一趟了。

近年来爱上核桃，认为当成零食，没有什么比核桃更好的了，因此开始了核桃夹子的收藏，每到一地必跑到餐具专门店，问有没有什么有趣的核桃夹子，加上网友送的，至少已近百把了。而核桃是哪里的最好吃呢？欧洲各国都有，但水平不稳定，去了澳大利亚，在墨尔本的维多利亚市场找到一种，也很满意。

中国的，我一向吃邯郸的核桃，可惜运到了香港，其中掺杂了不少核桃仁已干瘪的，剥时一发现，有些不快。中国核桃，还有什么地方出产的比邯郸的更好呢？在《三联生活周刊》中一找，看到了"漾濞核桃"这种东西，如果没有他们介绍，可真的不知道，连名字也读不出来。

那里的核桃像七成熟的白煮蛋那么细滑，果仁皮还稚嫩得像半透明的糯米糍。读文章，才知道漾濞还有一种专吃嫩核桃的猪，这可比吃果实的西班牙黑毛猪高级得多。看样子，在核桃成熟的九月，又得向云南的漾濞跑了。

一种米，养百种人

在法国南部旅行，每一顿都是佳肴，但吃了三天，就会想念中国菜，其实也不一定是咕噜肉或鱼虾蟹，主要的还是要吃白（米）饭。

意大利好友来中国香港，我带他到最好的食肆，尝遍广东、潮州、上海菜，几餐下来，他问："有没有面包？"

"中餐厅哪来的面包？"我大声说。

他委屈地说："其实有牛油也行。"

刚好是家新加坡餐厅，有牛油炒蟹，就从厨房拿了一些，此君把牛油放在白饭上，来杯很烫的滚水冲下去，待牛油融化了，捞着来吃，这是意大利人做饭的方法，也只有让他胡来了！

一种米，养百种人，这句话说得一点儿也没错，况且世上的米，不下百种。

我们最常吃的是丝苗，来自泰国或澳大利亚，看样子，瘦瘦长长，的确有吃了不长肉的感觉，怕胖的人最放心。日本米不同，它肥肥胖胖，黏性又重，所以日本人吃饭不是从碗中扒，而是用筷子夹进口。女性对它又爱又恨，爱的是它很香很好吃，恨的是吃胖人。

日本鱼沼米不错，但它还不是最好的，最好的买不到，那是我在神户吃三田牛时，友人蕨野自己种的米。他很懂得"浪费"，把稻种得很疏，风一吹，蛀米虫就飘落到水田中，如果贪心，种得很密的话，那么蛀虫会一棵传一棵，种出的米，表面要磨得深，才会好看。这样一来，米就不香了。他的米只需要略磨，所以特别好吃。

向他要了一点儿，带回家，怎么炊都炊不香，后来才发现是电饭煲不行。

不过这一切都是太过奢侈了，从前在日本过着苦行僧式的生活时，连日本米也不舍得吃，一群穷学生买的是所谓的"外米"（Gaimai）。那是由缅甸出口到日本的米，有些断掉了只剩半粒，那么粗糙的米，日本人只用来当饲料。我们当年是半工半读的，也没什么好抱怨。

念完书后到中国台湾工作，吃的也是这种粗糙的米，他们称为"在来米"，不知出自何典。

哪有什么蓬莱米可吃？蓬莱米是改良的品种，在中国台湾地区经济腾飞，成为"四小龙"时，才流行起来，口感像日本米。如果你是中国台湾人，当然觉得它比日本米好吃，我试过的蓬莱米之中，最好吃的来自一个叫雾社的地区，那里的松林部落土著种的米，真是极品，但和日本米比较呢，可以说是各有各的好吃。

始终，我对泰国香米情有独钟，爱的是那种幽幽的兰花香气，是别的米所没有的。这种米在越南也可以找到，一般的米一年只有一次收成，越南种的有四次之多，但一经战乱，反过来要从泰国进口米了，人间悲剧也。

欧洲国家中，英国人不懂得欣赏米饭，只加了牛奶和糖当甜品；法国人也只当配菜；吃饭最多的是西班牙人和意大利人，前者的西班牙海鲜饭（Paella）闻名于世；后者的米兰炒饭（Risotto）混了大量的芝士，由生米煮成熟饭，但也只是半熟，说这才有口感（Al Dente）[1]，其中加了野菌的最好吃。

意大利人也吃米，我是从《粒粒皆辛苦》（Bitter Rice）一片中得知的。我曾前往该产米区玩过，发现当地人有一种饭，是把米塞进鲤鱼肚子里做出来的，和顺德人的鲤鱼蒸饭异曲同工，非常美味。意大利人还有一道鲜为人知的蜜瓜米饭，也很特别。

亚洲人都吃米，印度人吃得最多，他们的羊肉焗饭做得最好，用的是野米，非常长，是丝苗米的两倍，炒得半熟，混入香料泡过的羊肉

---

[1] Al Dente 意为有嚼劲的、筋道的。——编者注

块，放进一个银盅，上面铺面皮放进烤炉焗，这样香味才不会散。到正宗的印度餐厅，非试这道菜不可，若嫌羊肉膻，也有鸡肉的，但已没那么好吃了。

马来西亚人的椰浆饭也很独特，是第一流的早餐。另有一种把米包扎在椰叶中，压缩出来的饭，吃沙嗲的时候会同时上桌，也是传统的饮食文化。新加坡人的海南鸡饭，用鸡油炊熟，虽香，但也得靠又稠又浓的海南酱油才行。

至于中国，简单的一碗鸡蛋炒饭，又是天下美味。

不过吃米饭，总得花时间去炊，不像用面团贴上烤炉壁即刻能做出饼来方便。

十大省宴

什么是中国的八大菜系？当今已有很多人搞不清楚。

在我的记忆中，粤菜，当然应该入选。南方是一个物产富庶的地方，从最贵的鲍、参、翅、肚到最便宜的云吞面、叉烧包，粤菜影响了全国，甚至海外的饮食。经济的腾飞，更令从来不用昂贵食材的省份也做起粤菜来。到底，海鲜类才能卖得起高价钱呀。

在没有海鲜的内陆地区，新鲜的鱼总是吸引着人们，所谓"欲食海中鲜，莫问腰间钱"这句老话，说的就是海鲜总会被大众所向往。

接下来就是苏菜和浙菜了。江苏省位于长江下游、黄海之滨，向来以"江南鱼米之乡"著称。由淮阴菜、扬州菜组合成淮扬菜，再有南京菜、苏州菜和无锡菜，总称为苏菜。

浙江省的美食叫浙菜，主要是指杭州菜、绍兴菜和宁波菜，佳肴无数，不胜枚举。

安徽省的美食叫徽菜，又称皖菜，安徽的省会是合肥，但有些人也许只知道祁门红茶和被称为"天下第一奇山"的黄山。皖菜包括徽州、沿江、沿淮三种口味，其菜有"一大三重"之称，就是芡大、重油、重色、重火。其实安徽的名菜"清炖马蹄鳖"，一点也不符合"一大三重"，可见菜式变化多端。

四川省的美食川菜就不必说了，味道流行于中外，但并不一定以辣迷人，在四川省会成都的一间菜馆里，可以做一桌筵席，12 道菜，没有一样是辣的。

湘菜是指湖南菜，湖南的省会是长沙。也别以为湘菜不过是红烧肉和辣菜，它的名菜有 300 多种，洞庭湖的淡水鱼又丰富，湘菜位列"八大菜系"之中，是有它的道理的。

山东的鲁菜，影响了北京菜。山东的省会是济南，很奇怪的是，那里的人一概不吃鱼的内脏，但是猪的内脏却会从头吃到尾。最具代表性的"九转大肠"，各家做法虽不同，但都有水平，小吃更以山东大包和炸酱面著称，地位处于八大菜系之尾。

"什么？"友人问，"福建的闽菜也是八大菜系之一？"

是的，很多人不知道，福建菜还排在第二位呢。福建的省会是福州，福建古名"八闽"，故福建菜以闽菜为名。当今许多人可能只知道厦门，其实厦门、漳州和泉州等地被称为闽南，而福州、武夷山等地被称为闽西。福建人吃的多以海鲜为主，内陆人最为珍重，故闽菜不但被列入了八大菜系，而且是继粤菜之后，排名第二位的。

重复说一次，从前中国的八大菜系，分别是广东省的粤菜、福建省的闽菜、江苏省的苏菜、浙江省的浙菜、安徽省的徽菜、四川省的川菜、湖南省的湘菜和山东省的鲁菜。

但这八大菜系是在清朝定下的，距离当今时间甚久，也应该重新考量，像一个广东省，已占地甚广，可以分出三大菜系来，那就是广州菜、潮州菜和东江菜，东江菜指的是客家菜，而且珠江三角洲各地的菜已各有名堂，再分就更细了。

好吃的菜，大多集中于大城市，像北京是不是应该分出京菜来呢？天津分出津菜又如何？

上海临近江苏省，但沪菜已那么出名，亦可成为一大菜系，而淮扬菜应不应该从苏菜里分出来呢？南京也在江苏省，苏州也在江苏省，从前叫作"京苏大菜"，是否可各自排列在大菜菜系之中？

出了河北省，邻省的河南人可能会说，我们的豫菜也不错呀，为什么豫菜不能加入？

湖南菜出名，但邻省的湖北呢？鄂菜也不输给别人呀。这时云南省也加入了讨论，滇菜的确有其独特的风味。广东省的邻居，广西壮族自治区的桂菜呢？甘肃省的陇菜呢？

还有我们的古都西安，陕西省的秦菜，可别忘记了。

东北各省都有好菜，喜欢吃羊的话，我们岂能漏掉西藏和内蒙古？

若以菜系记之，也许会混乱，搞出旧八大菜系、新八大菜系的十六大菜系来。我想，还是以省份排列吧，把各大名菜选入一个省份去，叫"省宴"，也许较为恰当。

广东省的省宴，把潮州菜和客家菜都列入。福建省的，闽南的厦门菜、漳州菜和泉州菜,以及闽西的福州菜和武夷山菜,也都是福建省宴。

江苏省的省宴包括苏州、扬州、无锡和南京的菜,甚至可以硬生生地把上海的沪菜也加进去。

浙江省的省宴有杭州菜和宁波菜作为代表。

安徽省的省宴在省会合肥举行。四川省的,委屈了重庆人,也并之。

湖北菜一向受湖南菜影响,对前者不公平,也只选湘菜作为省宴,湖北菜落选。

山东菜当然要列入,新省宴应该有陕西的秦菜,很可惜不能选中云南省、贵州省、广西壮族自治区。

以十大省宴取代八大菜系:(1)广东;(2)福建;(3)江苏;(4)浙江;(5)安徽;(6)四川;(7)湖南;(8)山东;(9)陕西;(10)台湾。

中国香港并不是一个省份,不能列入,但香港菜已进入内地,它的鲍、参、翅、肚到茶餐厅,已无处不在,就别和其他省份争名衔了。

怀念昔时"大上海"餐厅

数十年前,我这个南洋小子初出门,哪懂得什么是沪菜?

到中国香港定居后才认识它,当年有大把上海人涌入香港,是沪菜的黄金时代。上司和友人，也多来自浙江。邵逸夫先生最早带我去的，就是尖沙咀宝勒巷的"大上海"了。后来邵氏向查先生买版权、请倪匡兄写剧本、与张彻导演商讨未来计划，都是在这家食肆中进行的。

店里的代表性人物，是经理欧阳，双眉粗、眼大、身材矮小，拿着筷子筒，前来听客人吩咐。最新鲜的食材，都写在筷子筒的纸上，从那里我才知道了樱桃原来是田鸡腿，圆叶不是菜，是甲鱼。

后来邵逸夫先生的侄子，即邵仁枚先生的儿子邵维锦从新加坡来到中国香港主持大局，也爱上了沪菜，所有应酬都在"大上海"吃，更是每周至少必去一次，似乎把店里所有的东西都吃过。

当年的菜，块头巨大，冷盘一叫，看肉十几方块，油爆虾一大碟，素鹅一大碟，堆积如山的马兰头，还有我最爱吃的羊羔。欧阳好像很喜欢"欺负"外国客人，西方人光顾，就给他们来个大拼盘，先把他们的肚子塞得满满的，其他菜都吃不下。

大闸蟹季节来到，当年还只有"天香楼"有得供应，"大上海"的拿手菜是红烧翅、八宝鸭和元蹄，味道又甜又咸，这是我第一次接触到浓油赤酱，留下深刻印象，也以为沪菜就应该是这样的，从此追求不懈。

吃夜宵或小吃，则到金巴利道上的"一品香"。一走进去，就看到橱窗中让人眼花缭乱的熟食。海蜇头、熏鱼、熏蛋、毛豆炒蟹、烤麸等，数之不尽。最令人注目的是那五花腩的大方块，肥的部分几乎透明，染得通红。年轻时又高又瘦，眼露饥饿，吃过一块之后上瘾，每回光顾必叫。

熟食摊的旁边有一个大铜炉，侍应从中舀出，就是油豆腐粉丝。一试，又是永远不能忘怀，以后吃的，都没有那么美味。

时光飞逝，出现了北角的"雪园"，当年来说，已算是新派了。招牌菜有一道"拆骨鱼头"，鱼头被人家拆了，还算什么菜？就怀念起"大上海"的砂锅鱼头，更是珍惜。

较为稳阵的是"上海总会"，没有惊喜，也少失望。由他们独创的是道"火筒翅"，我对鱼翅一向没多大兴趣，好吃的是那一大块火腿，被上汤煨得软熟，赤肉部分有如嚼柴，但肥的，尤其是那又是肉又是膏的部分，百食不厌，每回去，只吃肥火腿。

生活越来越富庶，人们开始注重养生，太油太咸的食肆一间间地消失，被淡而无味的新派沪菜代之，大多数的餐厅，还以不用猪油来标榜。

我第一次踏足上海，首要任务就是去找浓油赤酱，到了几家老字号，忍受侍者的无礼，但吃到的皆为不堪入口的所谓沪菜，最后只有在福州街的小巷子里享受了上海粗炒和油豆腐粉丝，还像样，每客①一元人民币，便宜得使人开心。

除了没有浓油赤酱，许多上海名菜也都渐渐失传了，像那道雪里蕻九肚鱼②，将鱼焖后用布隔掉骨，再加上雪菜③丝做成的冻，已再没有机会尝试了。烤麸的麸，在餐厅中已是刀切的，还只有到好友朱旭华先生的家，才吃到真正的烤麸及葱烤鲫鱼。虾脑豆腐，也是后来在友人家由他妈妈做出来的，至于最普遍的蛤蜊炖蛋，餐厅大厨听都没听过，唉。

---

① 点餐时常用的量词，即一人份。——编者注

② 即龙头鱼。——编者注

③ 即雪里蕻。——编者注

空叹息无用，要找浓油赤酱上海菜还是有的，其中一个途径就是到中国台湾去，那里的江浙人，还是固执地牢牢坚持江浙菜的口味，在永和的"三分俗气"和台北市中心的"极品轩"，皆能寻回旧味。

至于上海，当今真正吃得过的菜馆只有三家："吉士"，那是指"老"的，"新吉士"千万吃不得。老吉士还有一道失传的沪菜，是猪手，把很多料塞入拆了骨的猪手，再红焖出来的，不过要提前一两天预订才有。

"阿山饭店"在去虹桥机场的路上，地方难找，又简陋，菜单写在墙壁上，是真正的浓油赤酱做法。有一次和"镛记"老板甘健成先生去，刚好碰到一帮老者拿了一只甲鱼来卖，我们一看就知道是野生的，即刻高价要了，请餐厅红烧了，才找回数十年前在"大上海"的滋味。

"小白桦"是一颗珠宝，老板的基本功打得好，任何食材一上他的手都能做成原汁原味的上海菜。

俱往矣，在中国香港已没有一家用猪油来做沪菜的餐厅了，连"上海总会"也不用，要吃葱油拌面时，只有先叫一客红烧元蹄，面做好了，捞出那层肥油浇上去，还有一点像样。

其他的新派菜馆已不必去试了，尤其是听到"沪粤"或"川沪"那些，一种菜已做得不正宗，更何况还要结合其他省的。

怀念昔时的"大上海"，欧阳先生还健在吗？还有店里会说日语的伙计，绰号"日本仔"的，都应该垂垂老矣了吧。我的沪菜经验，都是这些高手教出来的，还有已经逝世的朱旭华先生及他的家佣阿心姐。我对沪菜的钟爱，并不逊于居港沪人，有时在文章中娓娓道来，在街上，常遇到读者，都问我是不是上海人呢。

沪蔬里的鲜香精致

我谈过南方人吃的蔬菜，这里来讲上海人吃的，在香港九龙城侯王道上的"新三阳"，可找到又肥又大的沪蔬。

代表性的有马兰头，从前都是野生的，当今已有人种植。把马兰头烫一烫，切细，再把豆腐干也切得只有 0.5 mm³ 那么小，加上等麻油拌一拌，下点盐，就可上桌。为了更惹味，下一点点的味精，这一点上海人是不会介意的。

马兰头有一股幽香，在广东蔬菜中是找不到的，别小看幼细①的切功，好与坏都在其中，切得像"天香楼"那么高超的，香港没有几家。

草头、小棠菜、香莴笋、水芹和荠菜，都不是在广东常见的蔬菜。卖到二三十元一斤②，比广东、新界的价高，因为加了空运费。

但是 36 元一斤的草头，分量极多。它很轻，半斤就有一大堆，把镬烧得红热，盐、酒、糖等调味品要事先准备好，一下锅，翻炒一两下即能炒熟，师傅手脚一慢，就会前功尽废。

小菠菜是菠菜的苗，根部呈鲜艳的紫红色，人称鹦啄。那么多的迷你鹦啄，炒成一碟，色香味俱佳。

鲜百合外表像沙中的蒜头，洗净后剥成一片片，颜色洁白，用它炒鱼蓉和蛋白，白上加白，最后在上面铺几丝金华火腿。做成甜品，也极为芳香。

---

① 粤语方言，指精细、细小。——编者注

② 斤，中国市制重量单位，1 斤 =500 克。——编者注

冬天是吃菜而非吃豆的季节，但是能看到大毛豆非常肥，颜色碧绿，将豆荚的两端用剪刀剪掉，煮个十几分钟，最后下盐，已是一道极佳的下酒菜，比在日本店里吃便宜得多。

文笋干不能算新鲜蔬菜，但当今卖的肥大，用来焖肥猪肉是一流的。

还有新鲜的腐竹，真空包装，日本人称之为豆腐皮的刺身，与干腐竹风味不同。

上海鲜蔬，在中国香港吃得到，南洋的南货铺多数已关门，不像香港人那么幸福。

好的沪菜，到底是后继有人

我时常写关于沪菜的文章，到现在还有许多江浙读者误认我和倪匡兄一样，是个上海人。

这也不对，倪匡兄是宁波人，不是上海人，两地在交通不发达的年代，相距甚远，但对于我们这些广东人来讲，都是同一个地方。菜也相同，只有当地人才分得清楚，我们都将之混为一体，称为上海菜了。

我在 20 世纪 70 年代初来到中国香港，就被一群江浙人包围着：替邵逸夫先生打工，所交的朋友岳华、郑佩佩、亦舒都是上海人。虽然我的上海话不灵光，但也勉强听得懂六七成，点菜更是不成问题了。

最常光顾的是宝勒巷中的"大上海"，和张彻、董千里、易文等谈

（编者注：图中的繁体字为"一乐"。）

剧本，都在这里进行。领班叫欧阳，有个说日语的伙计叫"日本仔"。
当今想起，店里很大，有几个厅房。一坐下，欧阳就拿出一张条子，那
是筷子筒背后的白纸，写着最合时令的食材。

　　开始懂得樱桃原来是田鸡腿，圆菜是甲鱼，还有数不完的时蔬，像
草头、荠菜、马兰头、塔锅菜等。

拼盘先上，块头大得不得了，总是吃不完的肴肉、羊膏、素鹅，每次都要打包回家。接着熟菜上桌，鳝糊中间的蒜蓉爆得发响，当今已几乎绝迹了。

浓油赤酱，是我吃上海菜的最初印象，也深深地印在了我的脑海里。

另一位训练我吃上海菜的恩师是朱旭华先生，我们同住在一个宿舍，中午一直叫我到他家吃饭，但做菜的阿心姐是顺德人，怎做得正宗上海菜？

阿心姐的上海菜是朱旭华先生从头教到尾的，朱先生温文尔雅，从不骂人，但对做菜的要求极为严格，在他不断的批评之下，阿心姐做的烤麸，是我至今吃的做得最地道的，她的葱烤鲫鱼，我也再没吃过更好的。

和倪匡兄吃饭，更懂得了宁波小芋头与乱七八糟的沪菜馆子用的广东大芋头的区别。

早年的香港，沪菜馆随地可见，尖沙咀除了"大上海"，人气最旺的是在金巴利新街的"一品香"，永远是挤满了客人，一走进去就看到玻璃橱窗中摆着数不清的冷菜：萝卜丝拌海蜇、凉拌油莴苣丝、糖醋排骨、醉鸡、卤牛肉、青椒拌干丝、凉拌海带、拌双笋、油爆河虾、凉拌银耳、白斩鸡、盐水鸭、雪里蕻炒墨鱼、拍黄瓜、熏鱼、熏蛋，等等，还有染得通红的一大块一大块的五花腩，一想起来就口水直流，现在，已看不到这种动人心弦的排场。

另一边，双人合抱那么大的铜锅，里面热滚滚地摆着油豆腐粉丝和塞肉的百叶结，那锅汤的香味，至今令人念念不忘。

更低一级的是叫三六九、四五六之类的上海小馆，当年认为没什么好吃头，现在要找回那些难吃得忘不了的美味也不容易，尤其是他们的上海粗炒，怎么找也找不到了。

理由很简单，当今的上海菜馆，已经不用猪油了，为了照顾客人的健康要求，一家家地放弃，也一家家地因为变成了粤菜馆而关门。

后期崛起的有"上海总汇"，肘子翅是在这里发明的，现在他们也不用猪油了。另外有"雪园"，出名的是拆骨鱼头，鱼头一被拆骨，还能好吃到哪里去？我从来也没有喜欢过这家餐厅，但是现在大多数上海菜馆，做得好一点的，问师傅是什么地方出身，都说是"雪园"。

更后期，香港出现了"留园"，这是个惊喜，他们做的田螺塞肉，更是闻名一时，当今改为"留园雅叙"，好像疲倦了一点儿。

后来重访上海时，友人带我去"鹭鹭"，有一道叫"猪八戒踏足球"的菜，是红烧元蹄，被一圈鹌鹑蛋围住。这家的分店也愈开愈多，后来迷失了方向。

上海菜馆逐渐走高级路线，但没有鲍参肚翅就卖不上价钱，客人一叫菜就是几万元一桌，听到那么便宜就不光顾。所以搞出什么怀旧菜馆，扮上海滩年代，又推出什么张爱玲家宴，都因为不用猪油，连菜饭也做不好，一塌糊涂。

我怀念昔时的沪菜，像用九肚鱼和雪菜做的一道菜，把鱼煮融了，去掉中间的椎骨，余下的用网挤出浓汤，（加入雪菜丝）结成冻，这道菜已绝迹。另外有人从对虾中取出虾膏，和豆腐一起炒，制成虾脑豆腐。这道菜偶尔还会在富贵人家的厨房中吃到，但野生对虾几乎已绝种，如今用的是日本大花虾。

当今真正的浓油赤酱，还能在友人的家中吃到，现在好了，又出现了一家"汪姐私房菜"，我们还是有口福的。好的沪菜，到底还是后继有人的。

寻找传统的杭州菜已非易事

杭州佳肴，源自扬州，是种混合了沪菜、宁波菜的江浙料理，最正宗的分为"湖上帮"和"城里帮"两个不同的流派。

"湖"重视原料的活、鲜、嫩，以鱼虾、甲鱼为多，突出原本味道，讲究刀工，口味较为清淡，代表性的有西湖醋鱼、清炖甲鱼、生煸鳝片，和叫作"满台跳"的炝虾。

"城"以肉料为主，注重鲜咸合一，代表性的有东坡肉、咸件儿、荷叶粉蒸肉等，讲究价廉物美，刀工粗中有细。

老一派人，说到杭州菜，印象深刻的是干炸响铃、龙井虾仁、炸脆鳝、叫花鸡等。

当今，在著名的杭州食肆，像杭州酒家、楼外楼、太和园、知味观和岳湖楼等，要找这些传统菜肴，已不是易事了。

原始的杭州菜，用的都不是什么值钱的食材，杭州餐厅受了香港料理的坏影响，纷纷卖鲍鱼、龙虾和鱼翅等海鲜品，加上所谓的新派菜，大厨基础没打好，都去创新，弄出些不知名堂的菜来比赛，评判员又多与酒家有关系，加上自己学识少，看到一样外形奇特的就乱给分数。当今卖得比香港的酒楼还要贵的，多数是这些得奖菜。

这次去杭州，正好莼菜应季，请友人订座时，指定要一道西湖莼菜汤。

"哪里有刚刚摘下来的莼菜，都是装进玻璃瓶子里面的吧？"友人笑道。

听了不禁打个冷颤。到了餐厅，莼菜汤上桌，颜色虽然是绿的，但绿得不自然，似乎带人工色素，愈看心里愈发毛，不敢去碰。

西湖醋鱼应该错不了吧？食材丰富，烹调程序也不复杂，谁都会做的地道杭州菜。我已经不要求只用三四分钟，烧得胸鳍竖起，鱼肉嫩美，带有螃蟹滋味的古法了。

侍者拿上来的西湖醋鱼，用的不是最基本的草鱼，而是桂鱼代替的。

这令我想起倪匡兄在美国旧金山吃的砂锅鱼头，上桌的鱼头是红色的，原来是个桂鱼的鱼头。

也许旧金山找不到草鱼（广东人叫它鲩鱼），还值得原谅，但是西湖里，怎么会没有草鱼呢？

"啊，客人嫌草鱼有股泥味嘛。"侍者解释，"其实桂鱼更好，骨头也没有草鱼那么多。"

胡说八道。桂鱼是鱼类中最没有个性，也最没有鱼味的鱼。早期的野生桂鱼，还吃得下去，当今的都是人工养殖，如嚼发泡胶，手艺再厉害的师傅，也无法令它起死回生。

可怜的草鱼，已那么贱吗？老师傅都知道烹制前一定要饿养一两天，令肚内干净，鱼肉结实才屠宰的呀，哪来的泥味呢？

下榻的酒店，经理为了显示师傅的功力，特地安排我们到厨房去看他做龙井虾仁。

的确漂亮，鲜红的虾，加上刚采来的碧绿龙井叶片，卖相一流。

吃进口，毫无味道。为什么？虾仁当然不是活虾剥壳，而是冰冻的。新鲜茶叶，没有焙过，弄不出茶味。炒出来的东西，虾归虾，茶归茶，两者并不混合，好看不好吃有什么用？

叫花鸡隆重登场，让客人用木棍敲开泥封，露出用玻璃纸包的鸡，

外面才裹有荷叶。这鸡给玻璃纸那么一隔，荷叶起不了作用。这也不打紧，我们从前吃叫花鸡，只吃鸡肚中塞的蔬菜，肉则弃之。当今名菜馆做的，鸡肚内空空如也。忍不住又要破口大骂。

罢了，罢了。这么基本的东西，没有一样弄得好。看接下来上的菜谱，尽是些新派菜，我就把侍者叫来，点些更原始的。

"黄泥螺？啊，现在天气热，怕客人吃坏肚子，不卖！"侍者说。

"来碟酱鸭舌吧，酱鸭舌总有吧？"我问。

侍者做了一个"怎么尽叫些便宜菜"的表情，回厨房去，拿来的鸭舌染了讨厌的红色，干瘪瘪的，像炸过多过酱过，咬了一口，全不是那么一回事，即刻放下。

"东坡肉不会做不出吧？"我又问。

"东坡肉太油了，你试试我们拿手的金牌扣肉吧！"

我知道他说的是什么东西，是把猪肉红烧后压扁，沿边批成长条来，最后用一个上面尖、下面四方的铁模，印出金字塔形。这道菜在国际烹饪大赛中得过奖，当今所有厨子都纷纷学会，每家店都推出这个金字塔，吃起来，肉和汁并不融和，左弄右弄，给风一吹，此道菜上桌时完全不热，只能当冷盘。

"不必了，你照传统做法，给我们最普通的东坡肉好了。"我坚持。

侍者又做出一个"你这家伙怎么不懂吃"的表情，退了下去。

上桌的东坡肉，一块又一块，分别装进精美的小紫砂碗中，里面汁很少，肥的部分又露在碗外，冷到僵硬。

我们吃过的东坡肉，肉很大块，一起盛于陶砵之中，汁盖住肉，只用花雕炖之，迫出来的油，用玉扣纸吸去，里面的汤汁，是清澈的。

入口香甜无比，肥的部分比瘦的部分好吃，一下子吞完，剩下的汁，淋在另一个陶砵蒸出来的白饭上，让人不羡仙人。

又忍不住要重复一个老故事。香港的著名收藏家刘作筹先生，去世之前将字画全部捐给中国香港艺术馆。他一生最爱吃东坡肉，结识了也有同好的画家程十发，问他说："中国最好的东坡肉在哪里可以吃得到？"

程十发说："在中国香港的天香楼。"

北京菜：拼命吃，吃出一个道理来

去中国每一个城市，如果不吃当地菜，是一种罪过。有一次到北京，友人说我下榻酒店的意大利菜不错，我死都不肯去吃。另有日韩料理，如果想试的话，也得到东京或首尔去呀，反正都不是那么远。

北京此行一共有五天，较为轻松，可多试一点。一早友人便带我去老羊市口的"炒肝赵"，炒肝这道典型的北京菜，多是在早上才吃的，但名字甚为误导人。首先，根本不是炒出来的，而是煮出来的，而很多外地的朋友拼命地找菜中的肝，也找不到。一般便宜的食肆，肝片下得极少，尽是一堆黏糊糊的浆，其中也有些大肠，填肚子就是了。

这种菜洋人说是 Aquired Taste，是"修来的味觉"的意思，你得拼命吃，吃出一个道理来。这是不容易做到的——大肠不能洗得太干净，但那种味道不好受。我吃呀吃，吃到自己接受为止。

店主叫赵威，是第六代传人，很年轻，但肯守着传统，也真不容

易，他和太太两人在厨房中遵循着前人的教导，一点一滴，非要做得完美不可。你在店中还可以吃到"吊子"，是另一种地道早餐，有点像卤煮，全是猪内脏，因不下酱油，汁是白色的，所以亦称"白汤吊子"。

当然还有豆浆和豆腐脑，北京人坚持说豆腐脑和豆花不同，我还是吃不出分别来。

我在中国台北旅行时经常光顾的北京糕点店"京兆尹"在北京本地开成一家很高级的素菜馆子。从落地玻璃的窗口望出去是一排绿竹，道旁喷出负离子气体，有如腾云驾雾。食物有各种精致的斋菜，甜品反而少了，当我那么觉得的时候，女主人郭金平说："你要的话尽管叫，我们这里什么都有，包括北京的地方小吃，炸酱面做得更是精彩。"

"京兆尹"已成为素食者的"殿堂"，其他城市都找不到那么优美的环境。当年丰子恺先生的女儿丰一吟来香港找斋铺，我可真的不知道要招呼她去哪里才好，现在如果在北京遇到她，就能带她去"京兆尹"了，台北"京兆尹"的传人把这块牌子交给郭金平发扬光大，大可放心。

吃完饭，郭女士要求我留下几个字。我一向只爱吃肉，写的食评专栏集合成书，也以《未能食素》为系列名出版，于是在小册上，我题了"渐可食素"四个字。

在地安门外大街上可以找到中华老字号"烤肉季"。

一座三层高的老建筑物中，其他桌吃的是小型的烧烤，只有三楼靠窗的一个大包厢，走进去就可以看到一块四人合抱的巨型大铁板。

专业师傅把一碗碗的羊肉调好味道，啪的一声整碗倒在铁板上，烧烤起来。客人拿着巨大的木制筷子，把一条用来抹汗的毛巾搭在肩膀上，耐心地等待。

肉烤好之前，打了一个鸽子蛋进去，再用碗盖住，等到蛋半熟时掀开，混在肉中，就那么用木筷子夹来吃，豪爽至极，这也是没有来过北京的人对吃烤肉的印象。从前在台北，也开了这么一家一模一样的店，是几十年前的事了，之后我就没有再碰到过这种吃法，当今怀起旧来，感觉胜过食物。

除了烤肉，店里还有各式各样的北京菜，但我们吃烤肉已吃饱，只能看邻桌的人吃了。值得一试，大力推荐。

当今北京的新派烤鸭店的鸭皮，像烤乳猪多过像烤鸭，不是我这个守旧的食客能学会欣赏的东西。吃北京烤鸭一定要依足烤鸭传统来做，而当今最好的，是袁超英师傅做的鸭子。店开在北京嘉里大酒店里面。

餐厅里有个大玻璃橱窗，可以看到师傅们烤鸭子的过程，炉壁上堆着一条条的巨木，是枣树的。袁超英坚持用枣木来烤，到处收集这些古木，有的还是 100 多年前的，烤出来的鸭子是完美的。片鸭皮的师傅是切下来一大块再细分，各个不同的部位分开来上，最后还有整只鸭子最嫩的两条里脊肉，加上鸭头、鸭脑。

也不必我再多说什么了，吃过就知道不同了，有机会一定要去试试袁超英师傅的手艺，绝对是北京第一，也可以说是天下第一。

我有位在北京的好友叫洪亮，他不只对北京菜熟悉，全国的餐厅也几乎被他跑遍，我叫他"美食通天晓"。洪亮这次带我去的是另一家涮羊肉店，叫"羊大爷"，老板不姓羊，姓蔡，为人豪爽，做的菜也豪爽，先用一个汤碗盛了一大碗啤酒，不用喝水，就那么一口干了。

涮锅是景泰蓝做的，酱料一大碗，中间用红腐乳酱写了一个羊字。把矿泉水倒入，加东海野生虾米、枸杞、姜、葱等，水滚后先把一大碟羊尾，就是全肥的脂肪啵的一声倒入锅子中，说是让锅子"油一油"。

其他部位的肉上桌，都是放在一条一米长的板上，有公羊肉、羊后腿、羊腱子等，任涮。最柔软的肉是羊里脊，一只羊只能取二两^①。我吃涮羊肉不爱蘸酱，蘸虾油就可以。虾油，也就是鱼露，蔡老板看了点头称许，这一餐吃得过瘾。

川菜实在千变万化，绝对不是一门火锅能代表的

当今一提到川菜，所有的人都会大叫："麻辣火锅！"听了真让人痛心疾首。

辣椒传到四川，应该是清朝嘉庆年代的事，老祖宗们做的菜一点也不辣，而且非常好吃，麻倒是一早就有。至于麻辣火锅，客人还不会欣赏麻，主要是吃辣，越辣越好。

火锅又有什么文化？那是最原始的吃法，将所有食材切好就是，厨房里根本不需要什么厨子。有些人说"要呀，切功也很重要"，重要个什么啊！都是机器片出来的，又薄又好，之后一二三扔进去，就完了！

这次我重返成都，指定要吃传统的川菜，友人文茜把我带到"松云泽"，这是一家纪念一代川菜宗师张松云的馆子，由传人张元富主掌，当年他靠"荞面拌拐肉"和"脆皮粉蒸肉"两道菜卖到满堂红。后来他和"玉芝兰"的兰桂均、"喻家厨房"的喻波三位同辈分的名厨成为老

---

① 1两等于0.05千克。——编者注

川菜的主流，这几家店七八年前我都去过、介绍过。

坐了下来，当然先上凉菜，但我认为这都是干扰视线、浪费胃袋空位的东西。单刀直入地吃张元富的"蹄燕羹"就好了。

什么叫蹄燕羹？是燕窝吗？不是。它是用清水将晒干的猪蹄筋再三泡发后切成薄片，再加少许枸杞子清炖而成的，口感上尤胜燕窝。古时宴会有甜品留在最后吃的习惯，取个甜蜜的意头，并不影响味道。

这道用普通的食材调制的甜汤，比燕窝更有吃头，大家又吃得起，有人说此菜有很多师傅都会做，我回答说的确如此，但有很多客人会点吗？如果不发扬，它就会消失。

接着是"香煎豆芽饼"，以肥瘦的猪肉加上莲藕和黄豆芽瓣剁碎，再捏为饼状蒸成。食材简单，美味异常，是老四川菜中难得的佳肴。

再下来是"肝油辽参"，你会发现原来海参和猪肝搭配得是那么好，这是川菜的妙处，比其他餐厅做的什么名贵辽参更好吃。

吓人的有"红烧牛头方"，四川的富贵人家用牛头皮来代替熊掌，既是聪明替换，又有仁慈之心，口感以假乱真，会做的人已不多。

"苕菜狮子头"的菜名是取其音，其实什么新鲜的野菜都可以用作原材料。将猪肉剁好之后，并不煎炸，勾以薄芡，用高汤煨后清蒸。

鸡淖是用鸡肉剁成的蓉，视觉和味道更接近鲜甜的嫩豆腐，以荤代素，有汤的叫"芙蓉鸡汤"，炒的叫"芙蓉鸡"，采用成都的市花命名。

至于最普通的"回锅肉"，正式的应该用二刀肉，即猪臀肉里面的那块，余水而不熟透，用高汤再焖十多分钟，肉片的大小和火候都会影响其肉变为灯盏窝形。蔬菜则采用蒜白，这是回锅肉的鼻祖。"回锅肉甜烧白"，用回锅肉的手法蒸完再煮，加糖熬制而成，配以四川人爱喝的老鹰茶。

"花胶鸡牛汤"，精髓不在汤本身的熬制，而是很奇妙地用蒸蛋去提味。

"口袋豆腐汤"也好吃得不得了，用鱼肉、菌菇、蒸蛋、酥肉等配以传统豆腐，一块方方正正的豆腐看起来平平无奇，其实是一张油皮包裹着鲜美的汤汁，原名为"包浆豆腐"，是现代机器做豆腐做不出的味道，很难用文字来形容，要大家亲自去试一试才知道厉害。

中间穿插了一道小菜叫作"舍不得"，四川人做菜少用名贵的蔬菜，而以好玩著称，最擅长化腐朽为神奇。家里做菜，菜秆用完之后剩下的叶子，也舍不得丢弃，调味后拌一拌，单独成为一道又咸又酸的小菜。

这一餐吃完之后，我没有尝到张师傅出名的"荞面拌拐肉"，第二天中午又扑上门去。所谓拐肉，是把猪肘拐弯处的肉剔下来，这块东西带筋，肥肉多、瘦肉少，极富弹性，用红油和老醋拌之再铺在面上。

又吃了"香荪肝膏汤"，这道菜是张大千最爱吃的川菜，是要将放过血的猪肝锤成蓉，再以纱布滤尽纤维，最后用蛋清蒸之。蛋清的多少、蒸的时间都影响味道和口感，蒸肝要以是否成形、是否能浮于汤面为准，现在已没多少人会做。

在"松云泽"还可以吃到"松云坛子肉"，此菜有严格的做法，诀窍为辅料必须足够，用鱼肚、花菇、初春地下的笋尖、火腿等熬成，做来纪念张元富的老师张松云先生。

还有多道美味，不一一记录。四川菜实在是千变万化，绝对不是一门火锅能代表的，希望有心人可以将上述的菜，另外更将"开水白菜"和大刀面等一一拍摄下来，让今后的师傅有个参考。

我们应该大力推广和传承这些古老的四川名菜，四川旅游局更应该加大宣传力度，让年轻的一辈重新认识川菜，千万莫让川菜变得只有火锅。

觉得好吃的，就是自己的家乡菜

人家问我，你是潮州人，为什么喜欢吃上海菜，而不是潮州菜？

答案很简单，只认为自己的家乡菜最好，是太过主观的。和其他省份，以及别的国家比较之下，觉得好吃的，就是自己的家乡菜，不管你是哪一方人。

我喜欢的还有福建菜，那是因为我家隔壁住了一家福建人，应该说是闽南人吧（福建其实真大，有很多种菜）。那家的男主人是爸爸的好朋友，一直想把他的女儿嫁给我，拼命向我灌输闽南文化，我接触多了，觉得十分美味，也就喜欢上了（是菜，而非人家的千金），当自己是一个地道的福建人去欣赏。

记得很清楚，有代表性的是薄饼，也叫润饼，包起来十分麻烦，要花三四天去准备，当今已没多少家庭肯做。一听到有正宗的，我即刻跑去吃，甚至找到厦门或泉州去，当成返回家乡。

我小时候还一直往一位木工师傅的家里跑，他是广东人，煲的咸鱼肉饼饭一流，腊味更是拿手好戏，淋上的乌黑酱油，种下了我爱粤菜的根。后来我在中国香港定居，粤菜在日常生活中已是离不开的。

当然马来西亚菜我也喜欢，包括什么辣极了的早餐，各种咖喱、沙嗲等。马来西亚菜源自印度尼西亚菜，我连印度尼西亚菜也当成了家乡菜，而且吃辣绝对没有问题。小时候偷母亲的酒喝，没有下酒菜，就到花园里采指天椒，又拿小米椒来送。这导致我喜爱上泰国菜，长大了去泰国工作，一住几个月，天天吃，也不厌。

在日本留学和工作，转眼间就是八年，有什么日本菜未尝过？但我从来不认为日本料理有什么了不起的，而且种类绝对比不上中国菜，变化还是少。

我倒是觉得韩国料理才是家乡菜，我极爱他们的酱油螃蟹和辣酱螃蟹，他们还将牛肉鍘①得柔柔软软，让家里的爷爷没有牙齿也咬得动，叫作孝心牛肉。这种精神，让我感动。说韩国菜是我的家乡菜，我也不反对，反正他们的泡菜，是愈吃愈过瘾，千变万化，只要有一碗白饭就行。

法国料理我一向吃不惯，高级餐厅的等死我也，小吃店的才能接受。意大利菜就完全没有问题，吃上几个月我也不会走进中华料理店。

在澳大利亚住了一年，朋友们都说澳大利亚菜不行，不如去吃越南菜或中国菜，但到了异乡，吃这些不是本地的东西，就太没有冒险精神了。一个陌生的地方总有一些美味，问题在于肯不肯去找。

努力了，你便会发现澳大利亚有一种菜，吃法是把牛扒②用刀子刺几个洞，把生蚝塞进去再烤，甚为美味。他们的甜品叫作巴芙露娃（Pavlova），用来纪念伟大的芭蕾舞者，一层层轻薄的奶油，像她穿的裙子，也很好吃。不过当作家乡菜，始终会觉得有点闷。

如果说顺德菜是我的家乡菜，我会觉得光荣，简简单单的一煲盐油饭已经吃得我捧腹出来，精致的菜是我最近尝到的肥叉烧，用一管铁筒插穿半肥瘦的猪肉，将咸蛋灌进猪肉中间，烧完再切片上桌，真是只有顺德人才想得出来的玩意儿。还有他们的蒸猪，是把整只大猪的骨头拆

---

① "鍘"是方言用语，同"剪、锯、割"。——编者注

② 牛扒、猪扒、羊扒即牛排、猪排、羊排。——编者注

出来，涂上盐和香料，放进一个大的木桶里面，猛火蒸出来，你没试过就不知道有多厉害。

当杭州是家乡的话，从前是不错的，在西湖散步之后回到宾馆吃糖醋鱼，配上一杯美酒，有多惬意！当今湖边挤满游客，到了夏天一阵阵的汗味攻鼻[①]，实在是不好受的事，而且食物水平在一天天地降低，连酱鸭舌也找不到一家人做得好，别的像龙井虾仁、东坡肉、馄饨鸭汤等，还是来香港的天香楼吃吧。

昨夜梦回，又吃到上海菜了。20 世纪 50 年代初，有大批上海人涌入香港，当然也带来了他们地道的沪菜。好餐厅给熟客看的不是菜单，而是筷子筒。把筷子筒拆开，在空白处写着圆菜，那就是甲鱼；写着划水，那就是鱼尾；写着樱桃，那就是田鸡腿。这些都是在告诉熟客当天有什么最新鲜的食材，的确优雅。

草头圈子是将一种叫作草头的新鲜野菜和红烧的猪大肠一起炒的。炒鳝糊是将鳝背红烧了，上桌前用勺子在鳝背上一压，压得凹了进去，往上面铺蒜蓉，再把烧得热滚滚的油淋上去，嗞嗞作响地上桌。

菜肴都是油淋淋、黑漆漆的，叫作浓油赤酱。后来我到上海到处找，像老正兴、绿杨村、沈大成、湖心亭、德兴馆、大富贵、洪长兴等，但就是没有浓油赤酱，所有菜都不油、不咸、不甜，将老菜式"赶尽杀绝"。而且，最致命的是不用猪油了。

醒来，我一大早跑到"美华"，老板的粢饭包得一流，他太太还会特地为我做"蛤蜊炖蛋"，又点了一碗咸豆浆，吃得饱饱的。中饭和晚

---

① 指气味刺鼻。——编者注

饭也去吃，他们的菜，是下猪油的。

我前世应该是江浙人，所有江浙菜，只要是正宗的我都喜欢。我的家乡菜，是沪菜。

只要好吃，都是家乡菜，我们是住在地球上的人，地球是我们的家乡。

水滚茶靓，一盅两件，尝尝点心

我饭量愈来愈小，吃零食居多，对于点心，产生了浓厚的兴趣。

在中国香港定居下来，早晨饮茶，已是生活的一部分，食之不厌。每次出国，回来之后，翌日的第一餐，首选粤式点心。

从 50 多年前开始，我就是"陆羽茶室"的茶客，记得当年在永吉街的二楼，还有一个阳台，摆着张小桌子。我坐在室外，看人来人往，吸着香港的空气，水滚茶靓，一盅两件，是仙人的早餐。

经济逐渐繁荣的广州，到处都有美味的点心，但也逐渐添油加酱，看着盛了假螃蟹肉的小碟，我吃得很不开心。幸好有间"白天鹅"，做烧卖还是用手剁的猪肉，水平的确不比香港的差。

经过一轮装修，"白天鹅"最初也只会在点心上铺一些廉价黑松露酱来卖钱，令我非常不满。后来大概被顾客投诉得多了，又逐渐恢复了当年的水平，我认为它还是广州最好的早茶去处，尤其是他们家的麦皮叉烧包，做得异常美味，我每次光顾，都要打包一两打返港。

　　点心这种文化将会永远地流传下去，只要大人带小孩上过一次茶楼，他们便一生记得，长大后说什么也要寻觅这种味道。就算在外地，在美国、澳大利亚、日本的中国餐馆中，还是有早茶喝，味道还可以，让人受不了的是那种分量，一笼烧卖四粒，每粒个头都有拳头般大，吃上一笼，中饭也不想再吃了。那叫点心？应称填肚。

　　传统点心的花样多得不得了，但一般厨子和开餐厅的都以为要有新意才能留住旧客，把虾饺做成兔子、熊猫形状，豆沙包做成花菇模样，的确很像，但味道确实一般。

　　有些所谓的高级茶楼，更不惜工本地在食材上玩花样，像什么虫草、猴头菇等，下得最多的，是完全没有味道的冰冻松茸，真是沉闷。

　　我当然不会反对有点新花样，要是粤式点心的新花样再也想不出来，还有沪式的可以参考呀。北方点心的变化更多，为了寻求花样，我去了北京一趟，然后再去天津。

　　这次由好友洪亮带路，去北京老店"富华斋"。坐下，一看菜单，好家伙，有"六茶饮""六饽饽""四香食""一品粥"，共36样。

　　"进门点心"，有"奶卷子"和"苏子茶食"。前者为奶制品，卷着果仁和山楂糕；后者为咸味点心，外层是酥皮，里面包有芝麻馅，吃后上一杯茉莉香片。

　　"怎么又咸又甜，北京人不介意这种吃法？"我问。

　　"这么多年来，就是这种吃法，宫廷里也一样。"王希富先生说。

　　王希富先生，是仅存的宫廷菜师傅，对于满汉全席也十分熟悉，简直是一本"活食典"，是国宝级人物。

　　接着就是饽饽了，所谓饽饽，就是我们印象中的饼，先上"翻毛月饼"，很大的一个，为什么叫翻毛？因为皮很酥很粉，一拍桌子，皮就会掉下一层，当今也只有"富华斋"卖了。

再上枣泥饼、玫瑰饼、萝卜丝饼，印象最深的是玫瑰饼，只限用妙峰山的玫瑰花，每年五月底采摘，去掉花蒂、花蕊，只留花瓣，加白糖揉制，后放入冰箱让玫瑰发酵半年。妙峰山的玫瑰水分最少，花味最香，妙峰山种植玫瑰已有 300 年历史，真是好吃得不得了，各位未吃过的一定要试试看。

跟着上的是宫廷奶茶，用的是熟普洱茶，较一般的浓数倍，刚好适合我的口味。除了全奶，还加花生、长白山的松子、核桃和榛子。

王希富的外祖父陈光寿是清朝御膳房厨师，做茶也有一套，被称为"茶王"，擅做奶茶，王希富学了，做给我喝，我对奶茶没有兴趣，但他做的我能一饮数杯，面不改色。

再来是"四大件"：瓜仁松油饼、百果饼、桂花栗蓉酥和奶油萨其马[①]，我最感兴趣的也就是萨其马，宫廷里的人不一定比外面的人做得好吃，但是正宗。

萨其马原名"马奶子糖沾"，马奶子指的是枸杞子。"枸"声不好听，改为马，而萨是满族独特的姓氏。这里做的用槐花蜜，平均三斤点心用一斤蜜；不加膨化剂，只用鸡蛋打发，和面用奶油；上面一层果料很高，要达到整个萨其马的四分之一，特别美味。

跟着的是"四行件"，有干菜月饼、豌豆糕、玫瑰火烧、八宝缸炉。"干菜月饼"已没什么人会做，要把梅干菜切碎，和肉末加在一起做馅。

---

① 也称沙琪玛。——编者注

接着是两奶碗[①]、奶酪栗子冰和奶油八宝茶。

"四炸货"有炸三角、鹿肉酥、饹馇饼和见风消。"见风消"许多人听都没听过，是用玫瑰和桂花做成的饼皮，薄得被风一吹就没了，故名之。

"两冷碗"是果子干和杏仁豆腐，"三清茶"是龙井、梅花和佛手。"六坐庵"是落果花糕、酥排叉、糖火烧、杏仁干粮、自来红、勺子饽饽。"四香食"是野鸡爪、芥菜丝、香捞花生和八宝酱瓜。"一品粥"是糜子酸粥，"送客茶"是特级山凤乌龙茶。

我已饱到不能动了，做法和食材也没办法详细记载。吃完，再去试天津的"祥禾饽饽店"，印象深刻的是他们做的"一盒酥"，这个是我从小听到大的典故"一人一口酥"的原形，吃得特别有感觉。

那么多样点心，好吃吗？说句良心话，我这个南方人并不像北方人那么会欣赏北方点心，其中饼居多，应叫作北方饼。可以参考的是他们的甜点，至于咸的，我还是觉得广东点心好吃，北京朋友绝对不会同意，这一点我是能理解的。

---

① 即双皮奶。——编者注

吃水饺，吃的是感情和回忆

每当新年快到时，就想起吃饺子。

在南方，饺子命不好，总排在面和饭的后面，不算主食，也并非点心。饺子的地位并不高，只做平民，当不上贵族。

对北方人来说，饺子是命根儿，他们中有的人胃口大，一顿能吃 50 个，南方人听了咋舌。我起初也以为是胡说，后来看到来自山东的好友吃饺子，那根本不叫吃，而是吞，数十个水饺热好，用个碟子装着，就那么扒进口，咬也不咬。50 个？等闲事。

印象最深的是看他们包水饺，皮一定要自己擀，用一根木棍子，边滚边压，圆形的一张饺子皮，就那么制作出来了。仔细看，还很巧妙，皮的四周比中间薄一半，包时就无比流畅地用双手把皮叠压，两层当一层，整个饺子皮的厚薄一致，煮起来就不会有半生不熟的部位了。

我虽是南方人，但十分喜欢吃水饺，也常自己包，但总觉得没有北方人包得好看，就放弃了。目前常光顾的是一家叫"北京水饺"的店，开在香港尖沙咀，每次去"天香楼"就跑到对面去买，第二天当早餐。

至于馅，我喜欢吃的是羊肉水饺，茴香水饺也不错，白菜猪肉饺就嫌平凡了。去到青岛，才知道馅的花样真多，那边靠海，用鱼虾，也有包海参和海肠的，也有加生蚝的，总之"鲜"字行头[①]，实在好吃。

相比较起来，日本的饺子就单调得多了，日本人只会用猪肉和高丽

---

① 粤语方言，指领先、占优。——编者注

菜当馅，并加大量的蒜头。日本人对大蒜又爱又恨，每次闻到口气，他们总尴尬地说："吃了饺子。"

日本人所谓的饺子，只是我们的窝贴①，他们不太会蒸或煮。做法是包好了，一排七八个，放在平底锅中，先将一面煎得有点发焦，这时下水，上盖，把另一面蒸熟。吃时蘸醋，绝对不会蘸酱油。他们一般只在拉面店卖饺子，拉面店也只供应醋，最多给你一点辣油。我不爱醋，有时吃到没味道的，真是哭笑不得。

饺子传到韩国去，叫作 Mandu，一般都是蒸的。目前水饺在韩国很流行，像炸酱面一样。

一般，水饺的皮是相当厚的，北方人把水饺当饭吃，皮是填饱肚子的食物。到了南方，皮就逐渐薄了起来，水饺变成了云吞，皮要薄得能看到馅。

我一直嫌店里葱油饼的葱太少，看到肥美的京葱，买三四根回家切碎了，加胡椒和盐包之，包的时候尽量下多一点葱，包得胖胖的，最后用做窝贴的方法下猪油煎之，这是蔡家饺子。

饺子的包法千变万化，我是白痴，朋友怎么教也教不会，看到视频照着做，当然也不成功，最后只有用最笨拙的方法，手指蘸了水在饺子皮周围画一圈儿，接着便是对折按紧，样子奇丑，皮不破就算大功告成了。

我也试过买了一个包饺子的机器，是意大利人发明的，包出来的饺子大得不得了，怎么煮也煮不熟，最后放弃。

---

① 窝贴，有的地方叫"锅贴"。——编者注

日本早有饺子机，不过那是给大量生产用的，家庭用的至今还没有出现。他们又发明了煎饺器，原理是用三个浅底的锅子，下面有输送带，一个煎完将另一个推前。看起来好像很容易，但好不好吃就不知道了。

饺子，还是大伙一块包、一块煮、一块吃最好，像北方人过节，或家中团圆时吃，就觉得很温暖。

我自己包饺子，是没有学过、无师自通的。当年在日本，同学们都穷，都吃不起肉，大家都"肉呀、肉呀，有肉多好"地呻吟。

有鉴于此，我到百货公司低层的食物部去，见那些卖猪肉的把不整齐的边肉切下，正要往垃圾桶中扔的时候，向他们要，他们也大方地给了我。

拿回家里，下大量韭菜，和肉一起剁了，打一两个鸡蛋进去拌匀，有了黏性，就可以当馅来包饺子了。同学们围了上来，一个个学着包，包得不好看的也保留，接着就那么煮起来，方法完全凭记忆。肚子一饿，就能想起父母是怎么做的，就会包了。那一餐水饺，是我们那一群穷学生吃得最满意的一顿。

友人郭光硕对饺子的评语最为中肯，他说："奔波劳碌，雾霾袭来，没有一顿饺子解决不了的事情。实在解决不了，再加一根大葱蘸大酱，烦恼除净，幸福之至。"

当今也有人把"龙袍"硬披在饺子身上，用鹅肝酱、松茸和海胆来包。要卖贵价吗？加块金子更方便，真是看不起这一招。

菜市场, 熟人的君子国, 老饕的办公室

　　当你想不出要写些什么时, 往菜市场去吧, 总能找到一些可以发挥的题材。而且今天我还有一项特别的任务, 就是和雷太拍一张照片留念。

（编者注: 本图描绘了香港九龙城市场曾经的样貌。图中的繁体字招牌从左至右依次为"沛记海鲜本地鱼""新鲜蔬菜""金城腊味""元合""叶盛行""老四卤味""潮发""永富""新三阳"。）

沛记海鲜在菜市场入口的第一档，我已经光顾了几十年，主人雷太在全盛时期拥有数艘渔船，什么名贵海鲜都能在她的档中找到，我喜欢的都是随着拖网捕捞的一些杂鱼，像七日鲜、荷包鱼和一些不知名的，都是我最爱吃的。

随着年纪增长，她的鱼档卖的名贵鱼越来越少，只剩下一些马友鱼和海斑鱼，另外的老虎虾和鱿鱼，是从她儿子的冰鲜店拿来的，但我还是总会在她的档口停一停，不买也打声招呼。

这天，是她开鱼档的最后一天。儿子见她岁数大了，不忍心看她每天在这里辛苦，请她休息休息，许多老顾客都不舍得，不过她也不是完全退休，收拾了鱼档之后，她会到侯王道她儿子开的冰鲜店做帮手，想念她的人可以到店里和她聊聊天。

菜市场的档主和顾客们交易久了，就会成为老朋友，这种关系可能会深厚过家人。我住在中国香港的九龙城，九龙城菜市场可以说是我家的一部分了，几天没去，小贩们都会关心地问起我来。

和档主们做了朋友，再也不必担心买不到最新鲜的货物，他们总会把最好的推荐给你，有时算得太过便宜，付钱时多加一点儿，对方不肯收，买的人更不好意思，大家推来推去，真像小时候书里说的君子国。

蔬菜档的二家姐，从前也不在菜市场开档，而是在侯王道开了一间店。她家里一共有四姊妹，都是美人儿。四姊妹中有一位早走，另一位在家享清福，大家姐还在雷太鱼档对面卖菜，二家姐的菜档开在另一边，所卖的蔬菜最为新鲜，好处在于如果想不出要烧些什么菜，她会不厌其烦地一一为你想好。本来二家姐也可以退休了，但她说是为了等儿子成熟接班，要多做几年，我却看她乐在其中，似是不肯待在家里。

为美化市容，香港请了许多街头画家，把九龙城的店铺都画上彩画，衙前塱道上的"义香豆腐店"就是其中之一。这家店由兄妹二人经营，画家把他们两人的大头像画在门上。其他家也画了，但都一早开店，看不到绘画，只有义香的画最显眼，那是因为他们的店开得最晚，通常要到中午才营业，开到傍晚就收档。我最爱吃的不是他们的豆腐，反而是大菜糕和凉粉，但不敢多买，因为妹妹不肯收钱。店里也宜堂食，有许多老顾客经常停下，吃一两件新鲜煎炸的豆品或喝杯豆浆，才继续买菜。

再过去几家，是我经常光顾的"元合"。这里是唯一可以买到潮州鱼饭的店铺，但因为年轻顾客不懂得欣赏，鱼饭种类没有以前那么多了；另一个原因是海鲜越来越少，一少就贵了，当今的鱼饭没以前那么便宜。他们的炸鱼蛋最为爽口，也有很多人喜欢。

街尾的猪肉档和牛肉档生意很兴隆，猪肉档的肉最鲜美，牛肉档生意特别好，一到天气冷就大排长龙，大家都买牛肉来吃火锅，我们都已成了老朋友，不买也走过去闲聊几句，最常说的是来看看他们有没有偷懒。

也不是家家都是老店，生力军有来自潮汕的"叶盛行"，这是一家做大宗潮州杂货的店铺，什么都有。我喜欢的是老香黄，即一种佛手瓜腌制品，越老越好吃，所以叫成老香黄，我到夏天拿它来冲滚水，泡出来的饮品以前老人家说可以治咳嗽，也不知是否有效，反正我喜欢那个味道，到了深夜喝浓茶睡不着觉，喝老香黄水最好不过了。从前要到潮汕才能买到，当今不能旅行，可以在"叶盛行"买到，实在方便。

同条路上还有家老店"老四"，一度发展得很厉害，当今守回老档口，卖卤鹅，疫情之中外卖生意反而越来越好，九龙城卖卤鹅的档口不少，但"老四"还是质量最有保证的一档。除了卤鹅，他们做的卤猪头肉、卤猪耳朵和鹅肠等，都很受欢迎。

再往前走就是"潮发"了，这家老潮州杂货店什么都有，榄菜也是自己做的，我最爱吃他们家的咸酸菜，有咸的和甜的两种选择。潮州甜品中的清心丸也可以在那里买到，这种小吃在潮州已存在上千年，但一度被禁止，因为用了硼砂。

还有"金城海味"①，在这里买鲍、参、翅、肚最安心，货真价实。干鲍也能代客发好，要吃时加热就行。要买陈皮的请尽管在店里选购好了，有最好的货色。

折回侯王道，当然要去"永富"买水果，当今除了高级日本蜜瓜、葡萄和水蜜桃，还有新鲜运到的鸡蛋"兰王"，鸡蛋的包装上有进货的日期。

隔壁的"新三阳"是爱吃沪菜的人最爱光顾的，如果你想自己做腌笃鲜，他们除了新鲜猪肉，其他的都会替你配好，按照店员的方法去煲，一定不会失败。我还爱买他们新鲜做的油焖笋、鸭肾、烤麸等小吃，有时会买些海蜇头回来，用矿泉水冲一冲，再淋上意大利陈醋，百食不厌，你也可以试试看。

---

① "金城海味"这家店的曾用名为"金城腊味"。——编者注

家母爱吃鳗鱼，如今我却很少做

鳗鱼和鳝鱼怎么区分呢？不是海洋生物学家，不必去研究。中国人依各地不同的叫法来定，通常小条的，一尺①长，胖子的拇指般粗的，都叫鳝，上海人切丝后用油来泡，上桌前把炸得蹦蹦跳的蒜蓉放在中间，是真正的炒鳝糊，当今已没有多少人会做了。

鳗鱼则指日本人的蒲烧，把肥大的鳗鱼去骨后片开，先蒸熟，再拿去烤，淋上甜汁，皮的下面有很厚的一层脂肪，肥美得不得了。

外国人将其通称为 Eel，从前只是穷人才吃，做成肉冻，当成下午茶的点心，比有钱人吃得好，当今少有人做，也卖得很贵，我偶尔在餐厅看到，必点。

吃寿司时，用的鳗鱼都是海鳗，日本人的规矩分得清楚，寿司店卖的全是海鲜，一切河鱼是不碰的。河鳗则要在专门的铺子里吃，每一个城市或乡下必有一家，坚持用古法慢慢地烤。从前我的东京办事处后面有一家这样的铺子，由一个小老头用一把扇子扇炭火，冒出来的烟熏得他眼泪直流，还是不停地扇，差点眼睛都盲掉，看得令人心酸。

到了夏天，鳗鱼铺外面必挂着旗帜，写上"丑之日"几个字。天气热时吃鳗鱼来补身体，这个风俗，应该是在唐朝时由中国传过去的，我们自古以来有"小暑黄鳝赛人参"的说法。喜欢吃烤鳗鱼的人到了东京，可以去一家叫"野田岩"的老店，只有在那里还能吃到野生的鳗鱼，当

① 尺，中国市制长度单位，1尺约为33.33厘米，3尺=1米。——编者注

今日本的鳗鱼，基本上都是养殖的，因环境污染，天然的鳗鱼少之又少。

日本人对鳗鱼有大量的需求，会从中国买鳗鱼苗，养成小鱼，最后放入日本的湖泊中成长。当然，天然的和养殖的还是有分别的，只有老饕才吃得出。

日本的鳗鱼店中有各种品种，愈肥大的愈贵，便宜的瘦得不得了，有些还是在汕头烧了，真空包装运到日本，烤它一烤上桌。

除了用甜汁烤，还有只加盐的，叫"白烧"（Shirayaki），吃时撒上山椒粉，是下酒的好菜，还有鳗鱼的肝和肠，也都很美味。他们也把鳗鱼肉剁碎了加进鸡蛋中，烧成鳗鱼蛋卷。

既然野生的那么珍贵，那还是去韩国吃较为合算，他们那边吃鳗鱼的人少，湖泊中鳗鱼又天然生长得极多。吃法是像日本人那样用甜酱蘸过，放在炉上烤，加上韩国人喜欢的辣椒酱，价钱卖得十分合理。

但是到了韩国，还是欣赏他们的"盲鳝"，这是一种深水海鱼，吃海草长大，不必找猎物，所以眼睛也退化了，个头只有像上海人吃的黄鳝那么大。骨头多的话怎么吃？他们是整条烤的，放入嘴中，才发现这些盲鳝的骨头也像眼睛那样退化了，是没有骨头的，整条鳝都是肉，富有弹性，又很甜美，非常好吃。

偶尔，在中国香港也能找到巨大的鳗鱼，广东人称之为"花锦鳝"，因为皮肤有花纹，非常之珍贵，那么一大条，要有人"认头"①才劏②。吃的是那层又肥又厚的皮，头和颈的皮最多了，也卖得最贵，许多年前已

---

① 认头，广东方言，意为对某件事承认错误或负责任。——编者注

② 劏，指宰杀、剖。——编者注

要 3000 港元一份。有人认了头，其他部位切成一圈圈地用大量的蒜头红烧，每客也要 1000 港元。

小时候听父母说，在江边抓到一条花锦鳝，就要敲锣打鼓，叫村里的人前来分享，当今这些大鱼当然被吃得绝种了，在餐厅见到的，都是从缅甸或老挝等东南亚地区空运来的，鳝鱼的生命力强，不会在中途死掉。

潮州人很喜欢鳝鱼，做法也多，用刀子切开，皮还连着，曲成一圈儿，用咸酸菜来炆。这些不过是雕虫小技，我见过一位大师傅做的，是把脊骨用力一拉，整条鳝鱼反过来，肉包着皮，那才是空前绝后的做法，已不复见。

家母喜欢吃鳝鱼，来香港小住时我常去菜市场买回来做给她吃，选最肥大的，用盐把皮上的潺去掉，头已切断了还活生生地在跳动，把家中菲律宾家政助理吓个半死，洗干净后用枸杞子和天麻清炖给老人家吃，把汤上那层肥油小心地去掉，清甜得不得了。当今老人家走了，我也就很少下厨做这道菜了。

在外国旅行时，看到美丽的湖泊，里面的鳝鱼又肥又大，没有人吃，尤其是在墨尔本住的那一年，到了那里的植物园野餐，都有想把湖中的鳝鱼全捞上来的念头。

说到大，最大的鳝鱼应该是在南太平洋看到的，当地人对鳝鱼有崇拜般的信仰，在淡水中饲养。我见过几条十几英尺①长的，小孩子们都抚摸它们，当成玩具，那年去了大溪地，真想抓回来几条红烧，一定是天下美味。

---

① 1 英尺 =0.3048 米。——编者注

　　在中国香港，从前有些铁板烧的店铺中，也把肥大的鳗鱼放在铁板上慢慢地煨，烤时用扁平的铁铲压着，令油流出来，略焦后，淋上甜酱，吱的一声，传来阵阵的香味。后来再去光顾那家店，说大师傅已不再做了，可惜得很。想到此，有时间再去铁板烧铺子一间间找，也许可以寻回那失去的味道。

第二章

回味

良久有回味 始觉甘如饴

如能回到儿时，想再尝尝当年美食

一生已足，回去儿时干什么？但是，如果能够回去，倒是想尝尝当时的美食。

早年的新加坡，像一个懒洋洋的南洋小村，小贩们刻苦经营，很有良心地做出他们传统的食物，那时候的那种美味，不是笔墨所能形容的。

印象最深的是"同济医院"附近的小食档，什么都有，一个摊子卖的卤鹅，卤水呈深褐色，直透入肉，但一点也不苦，也没有丝毫药味，各种药材是用来软化肉的纤维的，咸淡恰好。你喜欢吃肥一点的，小贩便会斩脂肪多的腿部给你，不爱吃肥的，就切一些胁边瘦肉，肉质一点也不粗糙，软熟无比，当今的卤水鹅片与之一比，相差十万八千里。没有机会尝过的人，是绝对不明白我在说什么的。

"但是吃不到又有什么可怨叹的呢？"年轻人说。对的，我只为你提供一些参考，也许各位能够找到当年的味道，我自己也在不断地寻回，在潮州乡下的家庭，或者在南洋各地，总有一天能被我找到。

我最喜欢的还有鱿鱼，用的是晒干后再发大的，发得恰好，绝对不硬；尾部那两片"翅"更是干脆，用滚水一烫，上桌时淋上甜面酱，撒点芝麻，好吃得不得了。佐之以空心菜，也只是烫得刚刚够熟，喜欢刺激的话可以淋上辣椒酱。

这种摊子也顺带卖蚶子，一碟碟地摆在你面前，小贩拿去烫得恰好，很容易掰开，那时候整个蚶子充满血，一口咬下去，那种鲜味天下难寻，一碟不够，吃完一碟又一碟，吃到什么时候为止？当然是吃到拉肚子为止。

这种美味不必回到从前，当今也可以找到，到中国香港九龙城的"潮发"，或者走过两三条街到城南道的泰国杂货铺，或者再远一点去启德道的"昌泰"，都可以买到肥大的新鲜蚶子。

将蚶子洗干净后，放进一个大锅中，另烧开一大锅滚水，往上一淋，用根大勺搅它一搅，即刻倒掉滚水，蚶子已刚刚好烫熟。一次不成功，第二次一定学得会。

很容易就能把壳剥开，还不行的话，当今有根器具，像把钳子，插进蚶子的尾部，用力一按，即能打开。这种器具在香港难找，可在网上买到，非常便宜。

当今，吃蚶子是要冒着危险的，吃完很多毛病都会产生，肠胃不好的人千万别碰，偶尔食之，还是值得拼老命的。

"罗惹"（Rojak）是马来西亚小吃，但正宗的当今也难找了。首先用一个大陶钵，下虾头膏，那是一种让虾头、虾壳腐化后发酵而成的酱料；加糖、花生末和酸汁，再加大量的辣椒酱，混在一起之后，把新鲜的葛、青瓜、菠萝、青杧果切片投入，搅了又搅，即成。

高级的，材料之中还有海蜇皮、皮蛋等，最后加香蕉花才算正宗。同一个摊子上也卖烤鱿鱼干。令人一食难忘的是烤"龙头鱼"（又称印度镰齿鱼，广东人叫九肚鱼），这种鱼的肉软细无比，故有人叫它豆腐鱼；奇怪的是，将它晒干后又非常硬。在火上烤了，再用锤子大力敲之，上桌时淋上虾头膏，是仙人的食物，当今已无处可觅。

上述是马来西亚的罗惹，还有一种印度的罗惹，是把各种食材用面浆裹了，再拿去炸，炸完切成一块块的，最后淋上浆汁才好吃；浆汁用花生末、香料和糖制成。浆不好，印度罗惹就完蛋了。当今我去新加坡，试了又试，一看到有人卖就去吃，没有一档能吃到从前的味道。新加坡小吃，已是有其形而无其味了。

说到印度，影响南洋小食极深的，还有最简单的蒸米粉团。印度人把一个大藤篮顶在头上，你要时他拿下来，打开盖子，露出一团团蒸熟的米粉，弄张香蕉叶，把椰子糖末和鲜椰子末撒在米粉团上，直接用手抓着吃，非常、非常美味，想吃个健康的早餐，这是最佳选择。

印度人做的煎粿，在中国时常可以吃到同样的东西，那是用一个大的平底鼎，下面浆，上盖并以慢火煎之；煎到底部略焦，内面还是软熟时，撒花生糖、红豆沙等，再将圆饼折半，切块来吃，当今虽然可以买到，但已失去原味。

福建人的虾面，是将大量的虾头、虾壳捣碎后熬汤，还加猪尾骨，那种香浓是笔墨难以形容的，吃时撒上辣椒粉、炸蒜头。虾肉蘸辣椒酱、酸柑，其实做法不是很难复制，但就是没有人做，前些时候香港上环有些年轻人依古法制作，可惜就没那个味道，是因为年轻人没有吃过吧。

怀念的还有猪杂汤，那是把猪血和猪内脏煮成一大锅来卖的，用的蔬菜叫珍珠花菜，当今罕见，多数用西洋菜来代替，吃时还常撒上用猪油炸出来的蒜头末，加上鱼露。当今去潮汕还能找到，中国香港上环街市的"陈春记"有卖，曼谷小贩档卖的最为正宗，但一切都比不上我儿时吃的，那年代的猪肚要灌水，灌了无数次后，猪肚的内层脂肪变透明，肥肥大大的一片猪肚，高级之至，是毕生难忘的，也是永远找不回来的味道了。

我们吃鱼的日子

和倪匡兄一起谈吃鱼，最快乐了。世上大概没有一位仁兄像他那么会吃鱼吧？

当年，他在"小榄公""北园"等餐厅，专叫七日鲜、冧蟒和老鼠斑来吃，偶尔有个侍者前来问道："倪先生，来条苏眉如何？"

倪匡低叹一声回答："那是杂鱼呀。"

当今，杂鱼也变成贵鱼了，但至少还有。

从前，倪匡说："那一群黄花鱼从海边游过来，整个海变成金黄色。抓到的黄鱼，都是没有尾巴的。"

"为什么？"我诧异。

"鱼太多，没东西吃，只有啃前面的鱼的尾巴。"

现在黄鱼也被吃得几乎绝种了，偶尔找到一两尾漏网的，也要卖到两三千元人民币一斤了。市场中看见的，都是饲养的，肉无味，颜色掉落，看上去很黄，回去一洗，变为灰白，原来是小贩们染上去的颜色。

如果要吃真正大黄鱼的话，韩国和日本还有，那里的黄鱼也分为几等，高等级的在韩国也卖得很贵，但还能吃得到，算是口福。日本人把黄鱼叫作"石持"（Ishimochi），因为黄鱼头上有块石头般的骨，是其他鱼所无的。黄鱼的中文原名，也叫作石首鱼。日本人不会吃，也因为它一捕捞出来即死，不能当刺身。若抓到了，就和中国渔民交换鸡泡鱼。鸡泡鱼这种有毒的河豚，我们当然不要，但日本人认为是天下美味。这样一来，两者皆宜。

记得我在日本当经理时，邵逸夫先生一来，一定到帝国酒店旁边的一家小中华料理叫黄鱼吃。那里的黄鱼肥大，一鱼三吃：把肉切下来，炸条；头尾红烧；骨头拿去加雪菜滚汤，色乳白，上面还浮着一层很香的黄色鱼油呢。

郁达夫先生一直形容他家乡富春江的鲥鱼有多好吃，但当今在上海馆子吃到的，都来自马来西亚。有的进口到中国内地，再从内地运到香港，样子很像，但鳞下没有那层油，啃鳞吃根本是多余的。昨晚和倪匡兄在上海总会吃饭，主人叫了一条鲥鱼，他老人家的筷子动也不肯动一下。

说到吃鱼，我想中国香港人是全世界最会吃鱼的人了。我们不只会吃，也花得起腰中钱。吃到的鱼的种类，比日本人还要多，他们吃肉的历史只有两百年，从前都是吃鱼，但吃来吃去，只是金枪、油甘、鲷等，花样绝对比不上在中国香港那么多。

我们不止吃鱼，还要吃活的。蒸鱼的本领，如果说中国香港人第二，没人敢称第一。中国台湾人起初来到香港，看到水缸中养的是游水鱼，看得傻了。伙计拿出一尾蒸鱼来，他们看到骨头还连着肉，还叫人拿回去再蒸呢！后来他们餐厅中一尾蒸鱼上桌，下面还点着火来煲熟，那个吃法，不老才怪。

别说台湾人没有香港人那么奄尖①，中国各地，也没有其他地方的人比香港人会吃鱼。但是总的来说，中国各地人吃鱼的本领已比洋人高，虽然说法国在烹调技巧上历史悠久，非常高超，但一说到鱼，法国人简直是幼儿园的学生。

---

① 奄尖是粤语俚语，意为"挑剔""尖刻"。——编者注

洋人吃来吃去都是鲈鱼、银鳕鱼、鳟鱼和三文鱼。蒸当然不会，只懂得煎、煮和烧。意大利人有了盐焗，已算绝技。他们吃鱼，一定加些酸乳酱，也喜欢用西红柿酱，其实他们什么都加西红柿酱，如果把西红柿酱从西洋料理中拿掉，就不成菜了。虽说不是明文规定，但他们吃鱼时总爱挤柠檬汁进去，以为不这样做，鱼就会腥，真是岂有此理。你别以为我乱骂人，看看一些洋人的电视烹调节目就知道，没有一道鱼肴是不下柠檬的。

幸运的中国香港人，还可以在流浮山吃到野生的黄脚立①。啊，要让我怎么形容这个味道呢？我只能说，那种香味，在厨房中蒸的时候，客厅里已能闻到。倪匡兄一吃，手掌般大的，可吃十尾。这是上天对他的报答，倪匡兄住在美国旧金山13年，从来就没再试过一条好吃的鱼，他说旧金山的游水石斑，吃起来还有渣。渣是什么？那就是肉中很粗的纤维，咬也咬不烂。倪太听了，对他说："你当是鸡好了。"

当今的老鼠斑，已不是中国香港沿海的了，全由菲律宾进口，只有其形并无其味，至于真正的老鼠斑是怎么一个味道？倪匡兄说："有股幽香，像燃烧沉香一样。"

我自己已不太吃鱼了，住在清水湾邵氏宿舍那段日子，整天往西贡区跑，和鱼档混熟了，好鱼都留给我吃。倪匡兄一到，还叫海鲜馆子替我们生劏一大尾墨鱼，吃生的，那时日本料理尚未流行，邻桌的人看得眼睛都凸了出来。

也生过病，开过刀，休养时期，一说吃鱼有益，每天都吃鱼，吃

---

① 黄脚立，即黄鳍棘鲷，又名黄翅、黄鳍鲷。——编者注

得有点怕。游水鱼再也不能诱惑到我了，去流浮山吃黄脚立时，也只浅尝，留着给倪匡兄吃。

到韩国旅行，见有大黄鱼，也请饭店替我们烧，吃一小口。遇到未试过的，像盲鳗，那是一种眼睛和骨头都退化的鳗鱼，也会多吃。去顺德时，河鱼总让我开怀，尤其遇到全身肥膏的鲇鱼。现在吃鱼，认为只有肥大的才过瘾。日本的鳗鱼饭也是我所爱的，看见"镛记"的鱼缸中有几条大花鳝，也能吸引我。要了头部，用来红烧或煮天麻汤，再好不过。吃海鱼的日子已逝，河鲜的配额还有大把，对饲养的鱼，我是宁饿死也不吃的。

怀念吃盒饭的日子

干电影工作，一干就40多年，我们这一行总是得赶时间，工作不分昼夜，吃饭时间一到，三两口扒完一个盒饭，但有盒饭吃等于有工开，不失业，就是一件幸福的事，吃起盒饭，一点也不觉得辛苦。

"不怕吃冷的吗？"有人问。我的岗位是监制，有热的先分给其他工作人员吃，剩下来的当然是冷的，习惯了，不怎么当一回事儿，当今遇到太热的食物，还要放凉了才送进口呢。

多年南来北往，嚼遍了各地的盒饭，印象深的是中国台湾的盒饭，送来的人用一个巨大的布袋装着，里面几十个圆形铁盒子，一打开，上面铺着一块炸猪扒，下面盛着池上米饭。

最美味的不是肉，而是附送的小鲲鱼、辣椒炒豆豉，还有腌萝卜炒辣椒，当年年轻，吃上三个圆形铁盒装的盒饭面不改色。

在日本拍外景时的便当，也都是冷的。没有预算时，除了白饭，只有两三片黄色的酱萝卜，有时连萝卜也没有，只有两粒腌酸梅，很硬、很脆的那种，像两颗红眼猛瞪着你。

条件好时，便吃"幕之内便当"，这是看歌舞剧时才享受得到的，里面有一块腌鲑鱼、蛋卷、鱼饼和甜豆子，也是相当贫乏。

不过早期的便当，会配送一个陶制的小茶壶，异常精美，盖子可以当杯，那年代不算什么，喝完便可扔掉，现在可以当成古董来收藏了。

并非每一顿都那么寒酸，到了新年也开工的话，就吃豪华便当来犒劳工作人员，里面的菜有小龙虾、三田牛肉，其他配菜应有尽有。

记得送饭的人一定带一个铁桶，到了外景地点生火，把那锅味噌面酱汤烧热，在寒冷的冬天喝起来，眼泪都流下，感恩、感恩。

在印度拍戏的一年，天天吃他们的铁盒饭，有专人送来。这家公司一做就是成千上万盒，蔚为壮观，将之分派到公司和学校。送饭的年轻小伙子骑着单车，后面放了至少两三百个饭盒，从来没有掉下来过一个。

里面有什么？咖喱为主。什么菜都有，就是没有肉，印度人多数吃不起肉，工作人员中的驯兽师一直向我炫耀："蔡先生，我不是素食者！"

韩国人也吃盒饭，他们的盒饭基本上与日本的相似，都是用紫菜把饭包成长条，再切成一圈圈，叫作 Kwakpap，里面包的多数也是蔬菜而已。

豪华一点，早年吃的盒饭有种古老的做法，叫作 Yannal-Dosirak，饭盒之中有煎香肠、炒蛋、紫菜卷和一大堆泡菜（Kimchi），加一大

匙辣椒酱。上盖，大力把饭盒摇晃，将菜和饭混在一起，是杂菜饭
（Bibimbap）的原型。

到了泰国就幸福得多，从不吃盒饭。到了外景地，就有一队送餐
的席地煮起来，各种饭菜齐全，大家拿了一个大碟，把食物装在里面，
就分头蹲在草地上进食。我吃了一年，戏拍完回到家里，也依样画葫
芦，拿了碟子装了饭躲到一角去吃，家人看得心酸，自己倒没觉得有何
不妥。

到了西班牙，想叫些盒饭吃完赶紧开工，但工会不许，当地的工作
人员说："你疯了？吃什么盒饭？"

天塌下来也要好好吃一餐中饭。用巨大的圆形平底浅铁锅煮出一锅
锅海鲜饭来，还有火腿和蜜瓜。入乡随俗，我们还弄了一辆轻快餐车，
煲个老火汤来喝。

中国香港的同事们问："咦？在哪里弄来的西洋菜？"

人在西洋，当然买得到西洋菜了。

在澳大利亚拍戏时，当地工作人员相当能捱苦[1]，吃个三明治就算
了，但当地工会规定的吃饭时间很长，我们就请中国餐馆送来一些盒
饭，吃的和中国香港的差不多。

还是在香港开工幸福，到了外景地或厂棚里也能吃到美味的盒饭，
有烧鹅油鸡饭、干炒牛河、星洲炒米等。

早年的叉烧饭还挺讲究，两款叉烧，一边是切片的，一边是整块上
的，让人慢慢嚼着欣赏。叉烧一定是半肥瘦吗？怎么看出来是半肥瘦？

---

[1] 即吃苦。——编者注

容易，夹肥的烧出来会发焦，有红有黑的就是半肥瘦。

数十年的电影工作，让我尝尽各种盒饭。在电影的黄金时代，只要卖埠①，就有足够的制作费加上利润，后来盗版猖狂，越南、柬埔寨及非洲各国的市场消失，中国香港电影只能靠内地市场时，我就不干了。

人，要学会鞠一躬，走下舞台。人可以去发展自己培养出的兴趣，世界很大，还有各类可以表演的地方。

但还是怀念吃盒饭的日子。家里的菜很不错，但有时我还会到九龙城的烧腊铺，切几片乳猪和肥叉烧，淋上卤汁，加大量的白切鸡配葱蓉，还会来一个咸蛋！

这一餐，又感动，又好吃，盒饭万岁！

饺子当然要吃出味道来才行

已经很少有人会在家里包饺子了，在超市买一包现成速冻的，就那么煮来吃就好，包什么包？

食物来到南方，用料和做法更为精致，饺子变为馅多皮薄的云吞，而且要包得有条金鱼尾巴拖着。但是你一与北方家庭接触，就知道包饺子的乐趣。

---

① 即卖版权。——编者注

　　我印象最深的，是在一个熟人家包饺子。从和面、擀皮、剁馅、包、捏、挤、煮，到上桌，全在协助下完成，是个非常乐融融的过程，大家围着吃的欢乐，又非文字可以描述。

　　从此学会包饺子，一有集会，或者到国外友人的家，都包起饺子来，所以我旅行时，如果早知道要到什么人家中做客，一定会带一根擀饺子皮的小木棍。在异乡，此物买起来并不容易，要是对方家庭没有的话，就包不起饺子来了。

　　饺子皮的原料可以在外国的中国杂货店买到，用温水和面就是，但要有耐性，和好了要先摆一摆，用块湿布包起来，北方人说"醒一醒"。

　　30 分钟后就可以捏下一小团，用手搓成长条，掰一小段，开始用小木棍擀皮。并不是完全扁平就行，黎岳父的教导是：最重要的是把那块圆皮的边缘压得更扁，厚度是中间面皮的二分之一。这么一来，一对折，拇指食指一使劲，一个饺子就捏好，而重叠起来的面皮厚度和其他部分厚度一样，煮熟的饺子吃起来就不会有些部分的皮薄，有些部分的皮厚了。这是包饺子的秘诀，切记切记。

　　万一没有时间和面，直接从店里买了饺子皮，也要用那根小木棍把四周压扁，才能包饺子。有些食肆，已经连这个道理也不懂了，怎么谈得上好吃？

　　至于馅料，要肉贩用机器绞出来，当然方便，但口感和心理上，永远达不到自己剁肉的水平，剁肉这个过程是省不了的。

　　用猪肉的话，当今的人已经全用瘦肉，这一定不好吃。从前的人讲究七分瘦三分肥，我觉得不够，最好是反过来七分肥三分瘦，但最少也得五比五，才叫半肥瘦。

　　有人会用牛肉或鱼肉，但最平凡的饺子，应该用猪肉。北方的传统是掺了白菜去剁，别的不加。口味重的人用韭菜、茴香、虾米和葱，也有人用芫荽来包，但近年来芫荽已经变种，有股难闻的异味，没从前那么香了，还是不放好，最多可加芹菜、荠菜或马兰类。

包时不能太贪心，馅多了饺子易破，煮起来一塌糊涂，混浊不堪，是最失败的了。怎么算多，怎么算少？全凭经验，包饺子不是高科技，学三两次就懂。

最后的步骤是煮。古人教导，一锅水，滚了，下饺子。再滚，下一饭碗的凉水，重复三次，大功告成。这个办法是不是万灵，全看你的锅子有多大，炉火有多猛，还是老话一句：经验能告诉你。

煮好的饺子，北方人可连吃 50 只，我看过山东友人直接整个吞，嚼也不嚼，就那么通过喉管进入肠胃，但这种吃法我绝对不敢领教。

吃饺子当然要吃出味道来才行，但慢慢欣赏，豪气尽失，吃得快一点就是，千万别吞。我的胃口不大，吃七个八个，已饱。

除了猪肉饺子，羊肉饺子最诱人，有些家伙说要吃也要吃不膻的，依我看，不膻的羊肉饺子算得了什么？不如去嚼发泡胶。

香港大学附近的水街，有一家叫"巴依"的餐厅，是新疆哈密人开的，包的羊肉水饺一流，羊味十足，好吃得要命。

我包饺子时也喜欢用羊肉，羊肉饺子不必加其他配料，白菜、韭菜都属多余，一味羊肉就是。但切记不能用冰冻的，在铜锣湾鹅颈桥或尖沙咀汉口道的街市中，买新鲜羊肉来剁最佳。

和了面，包完水饺，剩下的皮料，最好用来做葱油饼。在食肆中吃到的葱油饼，葱永远不够，永远那么孤寒，实在岂有此理。自己做的话，用大量的葱。做法是把葱切碎，下盐，还要下味精，别的菜可以不加味精，但长葱本身没有甜味，又没有肉，非加味精不可，如果你不能接受味精的话，只好放弃。

做得臃肿的葱油饼，在锅中加点猪油，就那么煎起来，煎至皮变成金黄色，略带焦黄，吃得满口是葱味，最为过瘾。

谈回饺子，有人说太过平凡，得提高档次，用大闸蟹的蟹黄来包，或者用龙虾来包，有些人甚至用法国鹅肝来包，或者日本溏心鲍鱼来包，都已经是"走火入魔"，不是吃饺子了。

煮完了饺子，剩下的面汤，加点盐，加点葱，虽然不是什么天下美味，但喝那么一口热腾腾的汤，才是完美的结局。

家乡的粽子最好吃

又到吃粽子的季节了，朋友送的、自己包的，各地的名粽，吃个不停，吃到腻，再也不能吃了，再也不想吃了，到了明年，粽子又出现，又吃个不停。

什么地方的粽子你最喜欢？当然是你生长的地方包的，小时候的记忆，影响了你的一生。我是潮州人，我爱吃潮州粽子。潮州粽子除了肥猪肉之外，还有豆沙，又甜又咸，北方人一听，什么？这样的粽子怎么吃得下去？你们这些人的口味很古怪呀！

这样一来，就吵架了，谁说你们家乡的粽子不好吃，谁就是"敌人"，非得"置你于死地"不可，这是"深仇大恨""故乡之耻"呀！怎能不报呢？

　　我绝对没有这个情结，你不喜欢吃潮州粽子，好得很呀，你们做的，又有什么味道呢？让我尝尝。

　　我这一生，吃过不少粽子，可以总结一下，从广东地区开始，我喜欢的是东莞的道滘粽，它的原料很简单，咸蛋黄、黄豆等，但不同的是包着一块肥猪肉，而那块肥猪肉，是浸过糖水的，用糯米包了，蒸熟之后，整块肥猪肉融化在糯米之中，那种好吃法，只有你亲自试过才知道。

　　什么？又是甜又是咸，难吃死了，我的上海朋友一吃，即刻做出这种反应。

　　他们喜欢的嘉兴粽，包得长长的，有鲜肉粽、蛋黄粽，也有豆沙粽、蜜枣粽和栗子粽，甜的就是甜的，咸的就是咸的，从来不像广东人吃的那种又甜又咸。但你一批评嘉兴粽，又有一大帮人来"追杀"你。

　　从上海到杭州的路上，你就会看到各种不同的嘉兴粽，好吃吗？的确不错，尤其是新鲜包的，蒸得热腾腾的，把粽叶一打开，那种香味，是不能抗拒的，我必须承认，我非常爱吃，如果不是去上海附近，我也会在香港的南货店买回来吃，吃个不停，尤其是加了金华火腿的，百吃不厌。我虽属广东人，但我也欣赏嘉兴粽。

　　凡是有中国人的地方，就有粽子，到了中国台湾，他们各地都有不同的特色，台南有种粽子看不到米粒，先是把饭制成粿，再包猪肉的，叫作粿粽。

　　台湾人把粽子愈做愈精细，台北有一家专卖海鲜的餐厅叫"真的好"，他们不在端午节也卖粽子，包得很小，长条形，馅里面的料有些海鲜，是我吃过的最好的粽子之一，下次有机会去台北不妨一试，就知道我说些什么。

　　一般的台湾粽子深受闽南的影响，去到泉州，他们有种五香粽，非吃不可，肉馅之中放了五香粉，已成为它们的特色，已传到各地的闽南餐厅，任何时间都能吃到这种五香粽。

　　粽子传到南洋，马来西亚人和中国人结了婚，成为娘惹和峇峇一族，他们做的娘惹粽，也带甜，但味道十分好，有些娘惹还用当地的一种蓝颜色的花叫 Bunga Telang（蓝花），把米饭染色，变成蓝色的粽子，中间包了加椰糖的椰丝，是甜粽子的另一种境界。

　　中国文化，也影响了日本人，他们把粽子叫作"茅卷"（Chimaki）。早年的中国台湾料理店，都卖烧肉粽，一家叫"珉珉"的店卖的粽子最受欢迎，我们这些留学生一想念家乡，就去那里吃粽子。现在这家老店还在经营，有时到东京，还是会去吃吃，味道好像没有从前那么好了。

　　日本人把粽子变化了，用竹叶来包，是粗大的那种，一叶包一粽。在北海道的札幌，有家料亭，从前专做政客和有钱人的生意，有艺伎表演，当今经济衰退，虽照样营业，但一般客人可以随时光顾，叫"川甚"（Kawazen），他们做的料亭菜非常之丰盛精致，但让我留下印象的，是最后上的那个粽子。我们一群人去，有些人不会欣赏，我都把剩下的打包回来，翌日大家去吃什么螃蟹大餐时我空着肚子，宁愿回到酒店吃粽子。

　　不是所有产名粽的地方都有好吃的粽子，像肇庆，简直是粽子之乡，到处都卖，一年四季皆能吃到，我买了一个回酒店，打开一吃，尽是糯米，馅料甚少，不觉得有什么特别之处，问当地人，他们说这里旧时常闹水灾，乡民逃到高处，也就是靠吃粽子维生，主要是吃得饱，馅少不是问题。

　　当今，生活条件好了，大家拼命推出高级食材的粽子，什么鲍鱼、鹅肝酱、鱼子酱都包到里面，用的当然不是什么溏心干鲍，像吃橡皮擦，实在难以下咽。

如果想吃高级的粽子，还是去中国澳门吧，那里有家甜品店叫"杏香园"，所卖的凉粉椰汁雪糕或白果杏仁等当然精彩，但最好吃的反而是他们包的咸粽子，除了金华火腿、咸蛋黄肥猪肉，还有六粒大大的江珧[①]柱，货真价实，真是豪华奢侈。

谈粽子，我一向不喜欢用糉这个写法，好像吃了会从耳朵流出来，变成傻瓜一个。

要吃遍所有粽子来比较哪一种最好，得花三生三世吧？有一点是确定的，世界上最香最好吃的粽子，是你肚子饿到贴骨时吃的那一个，没有一个人可以和你争辩，那是天下最好吃的！

至高食材，适口者珍

鲍

谈谈中国人认为至高的食材：鲍、参、肚、翅。

都是我的个人经验，先从鲍鱼讲起。

---

① 珧，蚌蛤的甲壳。扇贝、江珧、日月贝等闭壳肌的干制品统称"干贝"，书中也称"珧柱"。用江珧闭壳肌制成的称"江珧柱"。——编者注

家父有位好友叫许统道，是新加坡最早进口洋货食材的商人，许多名牌，都由他经手，像白兰氏鸡精，好立克[①]、阿华田[②]等。有一天，妈妈由统道叔店里买回一罐罐头。粉红色底纸的包装，画着一个发亮的鲍鱼壳，注册商标是一个水手的舵盘，我们称之为车轮牌。

用的罐头刀，当年还是原始的，铁尖插入罐头，一摇一铲地把铁盖打开。啊，一阵奇妙无比的香味，从此深深烙印在脑海中，永久不忘。

鲍鱼肉软熟香甜，是我从来未尝过的味道，我对妈妈说："有这种东西，我可以每天吃。"

"每天吃，就没那么美味了。而且，我们家，吃不起。"妈妈摸着我的头说。

时光一下子过去，我已到日本留学，爸爸来东京探访，看我每天过着吃方便面的苦行僧生活，心有不忍，带我到乡下旅行，泡完温泉后，叫了一客鲍鱼刺身。

香味比罐头的浓，用筷子一夹，把一块黏黏的鲍鱼吃进口，发觉肉很硬。当年还年轻，牙力好，劲嚼之下，流出甜液，发现鲍鱼生吃，原来也是那么好的。

来到中国香港，替邵氏打工，结识友人不少，其中有个泰国华侨，他是富商子弟，又娶了泰籍将军之女，有钱有势，到香港一定要请我去福临门，叫的是两头鲍。

两手合掌那么大的一个鲍鱼，红烧之后，当然是溏心的，当年该

---

① 一种用麦芽制成的热饮。——编者注

② 一种含有大麦麦芽、牛奶和鸡蛋等成分的饮料。——编者注

店厨艺一流，不惜工本地烹调，让那些花钱面不改色的客人享受。我吃了，觉得只是味道不错罢了，印象却不如车轮牌鲍鱼和鲍鱼刺身那么深刻。

多次之后，我都不想吃两头鲍了，嫌吞下一个，肚子已饱，别的东西塞不进口。

两头鲍亦不复往矣，当今只会在拍卖行中偶尔出现，平时在餐厅吃到的，是十多个头、二十多个头的了，寒酸得很，我已经不去碰它了。

干鲍，演变成了世界上最贵的食材之一，有钱也买不到两头的。日本的鲍鱼有黑鲍、牝贝鲍、虾夷鲍、眼高鲍之种种区别，有种叫床伏（Tokobushi）的是小型鲍鱼，根本不入流了。

中国香港人吃的鲍鱼，多数在青森一带寒冷的海域中生长，我也去干鲍胜地参观过，先由海女潜进深渊中获取，挖出肉，去掉肠，就拿去大锅中煮了。煮的过程是家传秘密，不让我们看，怕我们学去，其实怎么学也没用，我们的居住地不原产这一类的鲍鱼，出产次货的地方，即使拥有秘诀也做不了好的干鲍来。

煮过的鲍鱼就要拿去生晒了，生晒时用绳子捆起来。所以名产地的干鲍有一道绳子痕。我们知道它好吃，海鸥和乌鸦更清楚，所以它经常被鸟儿衔走，干鲍卖得那么贵，是连被偷吃掉的也算进了成本。

在南非也见过有钱的华商生产，南非鲍肉质劣，香味不足，制作过程已由日晒改为机器烘干，更无法和日本干鲍相比。可怜的是，日本干鲍连日本人也吃不起，我曾问制作的工人有没有吃过，他们都摇头。莫说非洲本地人了，他们只是眼光光①地看着罢了。其实澳大利亚人和非洲人一样，生产鲍鱼的澳大利亚人，有些人以为鲍鱼是不能吃的。

干鲍也许大家都试过，日本的"第一神馔"熨斗鲍，吃过的人就不多。日本人也懂得鲍鱼是好的，传说秦始皇来东瀛找长生不老的药，鲍鱼是选择之一，从此它在历史上占有一席很重要的位子，只有皇帝和贵族们能尝到。

我一生中尝到最好吃的鲍鱼，是在韩国的济州岛，两个海女跳入海捞起的，大如半个沙田柚，挖出肉，铁棒敲烂，用铁叉串起在炭上烤熟，淋酱油，真是天下美味。

鲍鱼好吃，其肠更佳，带点苦，但香浓无比，口感似丝绸，香味连绵不绝地留在口中，但多数人怕它又绿又油的样子，不敢吃，实在可惜。

数十年后重游济州岛，海女已老，烤敲烂鲍鱼的烧法不复存在，但鲍鱼大餐还是有的，煎、煮、炒、烤、蒸、炖，一道又一道。最后有鲍鱼粥，一大锅煮得香喷喷，肚子再饱，也可连吞三大碗。

韩国还是盛产鲍鱼，价格便宜，但多是养殖的，野生的要卖得贵出十倍来。济州岛上有家最好吃的海鲜店，主人问我，吃鲍鱼刺身的话，怎么做最好？

我走进厨房，把鲍鱼连壳的顶部切成薄片，此部分最为柔软，然后取出肠来，挤汁淋在鲍鱼肉上。吃完鲍鱼，倒烫热的汤洒在剩余的汁中，饮之。主人见状大喜，走过来拥抱我，叫一声哥哥。

---

① 粤语方言，意为眼睁睁。——编者注

　　至今，还是觉得车轮牌鲍鱼好吃。煮熟的，在韩国吃人参鸡，把一大头野生鲍鱼塞入鸡肚清炖之，也是最高境界的吃法，干鲍可以走开一边了。

参

　　谈起海参，就想到小时候在南洋遇见中国来的大师傅，他一身白色的长衫，做起菜来也不用围裙，但衣服一滴油也不沾。

　　跟他去买菜，他嫌所有食材都不够水平，只是海参勉强及格，买了一些，走进厨房，就烧了一桌 12 个菜，都是海参做的。最后的甜品，用了刺参，浸泡后横切薄片，加姜和冰糖清炖出来，食者无不赞绝。

　　所以海参的做法并不只是红烧那么简单，可以千变万化，但中国人从来没有想到去吃生的。

　　日本人和韩国人都有吃海参刺身的习惯，那么蠕蠕黏黏的东西，可以生吃吗？我起初也在怀疑。日厨板前样就那么从水箱捞出来，用清水冲个干净，从头到尾割了一刀，取出内脏，再冲洗后切成薄片上桌。

　　一嚼之下，发现很硬，牙口不好的人咬不动。口感滑漉漉，虽然蘸了酱油，又加了一点山葵，但还是有一股腥味，这样的东西，可怎么吃？

　　经过多次，就习惯了。生吃海参并非什么稀奇的事儿，但谈得上是美味吗？可不见得。

　　到了居酒屋，最常吃的不是海参刺身，反而是海参的肠。海参肠盐渍起来，叫 Konowata，因为日本人称海参为真海鼠（Namako），而肠是

Wata，海参肠就变为 Konowata 了。

第一次尝试，你会发现它的口感和味道都比海参刺身更为恐怖，简直是难以接受。为什么有这么古怪的食物出现呢？完全是因为穷困。人一穷起来就对这些要扔弃的东西动脑筋，总之用大量的盐腌制，愈咸愈好，就能送饭了，而单单是盐太单调，用这种带腥味的食材最佳。

很奇怪地，富贵人家吃鲍参翅肚多了不想吃，而这些穷人的东西，却是百食不厌的。习惯了海参肠的味道，一喝酒就想起，所以日本人替它取了一个可爱的名字，叫酒盗（Shyuto），有了它非偷酒喝不可。

装进玻璃瓶的酒盗，各处的日本食物店都能买得到。有种吃法，大家不妨一试，那就是用法国的羊酪软芝士，软得像忌廉①的那种。加了海参肠来吃，你会发现二者配合得天衣无缝，这时不是偷酒，而要抢酒了。

海参的生殖腺也可以吃，日本有三大珍品：腌制海胆、乌鱼子和拨子。拨子（Bachiko）是一块骨制的敲打器，手抓来弹三味弦。把海参的生殖腺一条条拼起来，头大尾细，晒干了的样子像拨子，就此为名。

一小片拨子，花那么多功夫制作，要卖到 100 多港元。拿到炭上一烤，膨胀起来，撕成一条条送入口，有点像鱿鱼丝，但比鱿鱼丝的味道纤细百倍，好吃得很。在宫城县金华山沿岸盛产一种叫金海鼠的海参，就是因为它的生殖腺金黄，珍贵得像海底的金沙而得名。

海参的内脏，除了肠和生殖腺，还有肺。前两者中国人不吃，海参肺不知道是哪一个美食家发现的，到了中国香港，美名为桂花蚌，其实

---

① 忌廉，即粤语中 Cream（奶油）一词的音译。——编者注

与蚌类一点关系也没有。但西班牙人早就会吃，取一个乞丐钵，用橄榄油爆香大蒜，在钵烧得最热的时候放进海参肺，翻炒两下就可上桌，吃起来爽脆香甜，鲜得不得了。

桂花蚌的吃法多数是用 XO 酱炒西芹。有时还会油爆或椒盐，所谓油爆、椒盐，都不过是油炸后蘸了点盐，最没有文化了。

到了山东省，就知道海参在食材上占有很重要的地位，大型超市和菜市场中卖的干海参种类极多，当然也有已经发好的，一般家庭都买后者来烹调，但是大师傅做菜，一定要自己泡发才行，我看过上述那些大师傅的做法。

把干海参放在炭上烘焙，洗净后从火炉中取出柴灰，大力揉之。

"为什么？"我问："用灰洗更干净吗？"

"这么一来海参更容易膨胀。"大师傅回答，"如果没有柴灰，用碱粉也行。"

揉灰后又洗濯，用温水泡个三小时。取出再洗，放进锅煮三个多小时，海参已开始发胀。

取出海参又烧，用刀仔细刮干净海参肚内的杂质。这时拍碎大块的姜，和海参又煮三小时，软透了取出，才是最初步的准备。麻烦之至，看到令人咋舌。

海参种类之中，白的又称为玉参和海茄子，较为廉价，黑白相间的好一点儿，乌参和带刺的刺参才是珍品，广东人做的大多数是红烧猪婆参，里面酿了肉。

那天那位大师傅做出的有虾子大乌参、酸辣海参、大烩海参、海参扒鸭、红烧海参、三鲜烩海参和什锦烩参丁，等等。

"海参本身无味，一定要靠别的东西来煨，就算是煎炒，也要煨好才不会太淡。我教你一道最基本的葱爆海参。"大师傅说。

用大量的猪油,把切成手指般长短的葱段爆至金黄,略焦亦无妨。这时把用猪肉、火腿、乌鸡、猪皮、猪骨熬出的上汤煨好的海参加入,翻炒两下再加上汤,煮至汤汁已少,再加酒、酱油、盐和糖便大功告成。

"不用勾芡吗?"我问。

"海参已有胶质,还要勾芡的师傅,是九流的。"直到今天,我还能看到他的笑容。

肚

鲍参翅肚,这个叫惯的顺序,我常读成鲍参肚翅,因为翅实在是这四种东西中最不好吃的,肚之所以排在最后,是因为古人认为它最便宜。

当今不然。肚,人称花胶,好的价钱不菲,如果能找到一块年久的金钱①,至少要卖到数万至数十万港元。就算是便宜一点的花胶,一斤也要一万多元,比起三四十头的干鲍,绝不便宜。

叫作肚,是不是鱼肚?不,是鱼的鳔,鱼儿们要靠这个呼吸器官主宰沉浮。没见过吗?到菜市场去,找到一家卖淡水鱼的档口,可以看到一个个的白色泡泡,这就是鱼鳔,也就是所谓的肚了。

粤语称此为卜,如果你到"生记"去吃粥,叫一碗鱼片和鱼卜,粥

---

① 即金钱胶,全名为金钱鳘鱼胶,由黄唇鱼的鱼鳔制成。——编者注

上桌，吃了一口鱼卜，会发现满口胶质。这是肚中最便宜的，但并不常有，因为一尾鱼只有一个卜嘛。

最贵的，产在湄公河，那里有种巨大的鱼，有人那么高，肚中挖出来的卜，晒干了，就成为鱼鳔。而鱼鳔有雌雄之分，母的比公的便宜一半，要分辨何种是雄、何种是雌并不难：母鱼鳔整个厚薄均匀；公的不同，中间特别厚，愈靠近边愈薄，而且中央有两条突显的长坑纹，一下子就看得出来。

如果鱼肚愈大愈值钱的话，那么找鲸鱼或大白鲨不就行吗？不。首先，海水浮力大，一般的海鱼是没有鳔的，而河中的大鱼，除了在湄公河，还可以在巴基斯坦的淡水湖中找到。其他河流中的淡水鱼是否可以取来晒花胶？原则上是行的，只是少有人去发现罢了。

一般人能够接触到的鱼肚，多数是在吃喜酒时，出现了一道叫花胶鹅掌的菜。这道菜有时还配以花菇和芥菜，通常在最后淋上一层很厚的芡粉，实在乏味。

主人家肯不肯花钱，看这道菜即知，贵的花胶很厚，便宜的薄如纸。

最初试到，好吃吗？也不尽然。花胶本身无味，要靠其他材料来煨。仔细嚼之，除了那种黏黐黐的口感之外，还带着古怪的腥味，这就是吃到廉价的了。上等花胶并没有这个毛病，但也非天下美味，有如牛筋猪筋罢了。

被认为是鲍参翅肚中最便宜的花胶，还有人假冒呢。很多名字中带着鱼肚的菜，其实是把猪皮晒干之后再炸出来的，吃坏人是不会的，做得好还是美味呢。干脆来个赛花胶的名字，像赛螃蟹一样，就没那么鬼鬼祟祟了。

昔时，花胶是上不了大堂的，陈荣先生于20世纪五六十年代在他那本《入厨三十年》里，什么食材都论尽了，谈到花胶，只在一两篇文章中略略带过："在香港要吃桂花鱼肚这个菜是很划算的，因为香港海味售价比任何地区都便宜，尤以鱼肚价钱低廉，故酒楼饭店出售这个菜式视为最普通。"

桂花鱼肚的做法：先将鱼肚浸两三小时，浸后置锅里滚片刻，取出，清水冲之；揉干油腻，剁成粒形，如花生般，备用。

鸡蛋只取蛋清，加少许上汤，用筷子打散备用。

烧热锅，放入滚水，加姜汁和酒，下鱼肚煨之。取出鱼肚，置于疏壳[①]或筲箕之中，将水滤干。

锅中加猪油、上汤，滚一滚，又放回筲箕中，滤干水分。这时就可以正式煮了，先放猪油于锅中，香了放上汤来煮鱼肚，待汤徐徐滚时，推马蹄粉当芡，不可太浓亦不可太稀。在未滚之时把锅从大火中拿开，再把蛋清慢慢放入，搅几下，即成。一道那么简单的菜，从前的师傅会不厌其烦地做好它。

花胶的泡发过程亦繁复，最好在相熟的海味店中买现成发好的，如果有人送你一块上等鱼鳔，要自己发的话，方法如下。

用大量清水浸六小时以上，浸过夜亦行。洗净，滚水一大锅，放入花胶，再沸时熄火，浸个六小时。

倒掉水，不停地冲洗，又重复以上程序三四次，如果发现花胶还是很硬的话，再滚一次，最后用刀切成方块或长条备用，如果在一星期内

① 即漏勺等用于过滤分离原料和油（或水）的炊具。——编者注

吃，放入冰箱即可，要放久的话，可置于冰格中。

一般人也喜用花胶来炖汤，加老鸡、赤肉和火腿，再豪华可加冬虫夏草。很薄的花胶则用来炒，像黄耳香芹和杬仁炒花胶，是道上等的菜。

当作甜品亦无不可，桂花糖、百合炖花胶很清香可口，但花胶一定要发得一点儿腥味也没有，担心的话，可用姜汁和酒来辟味。

很独特的是潮州人的老家庭，在厨房或天井梁上挂几个金钱，通常被烟熏得发黑，又布满灰尘。

那么恐怖的东西用来做什么？说了你不相信，如果家人患了严重的胃病，像胃溃疡等，把那金钱取下来，洗个干净，照上述的方法发之，再拿去清炖，就那么喝下去，胃病即刻医好，手术也不用动了①。

我家也有一个金钱，至少 50 年了，后来一位朋友因为胃病要住医院，我叫父母寄来送给她吃，果然医好。有些人听到这件事，说已经卖得比金子还贵，送人不感可惜？留着自己用多好！

呸、呸、呸！至今我还是铁胃一个，吃什么都没有毛病，留下来干什么？

翅

到了出名的海鲜餐厅，侍者总先问一句："要不要来碗翅？"

要是客人点头，这下可好，付账时一定是高价。客人不要，侍者一

---

① 仅如实记录潮州人的用法，未作医疗方面考证。——编者注

脸无奈，好像在说这个月的薪水不知道老板发不发。真是件讨厌的事。

真的那么好吃吗？未必吧。这种一点味道也没有的东西，全靠其他食材来煨。口感倒是新奇，不算爽脆，也不黏黐黐，是其他食物中找不到的。

我第一次接触到的翅，不是真翅，而是妈妈用粉丝和蛋炒出来的假东西，但味道奇佳，至今念念不忘，如果从二者中选择，我还是要粉丝翅多过鱼翅。

进入社会工作，开始被人家请客，尝到鱼翅的各种煮法，后来经过经济腾飞的年代，每一次暴发户们的宴会上都会有鱼翅出现，早餐、午餐的鱼翅捞饭，更是变本加厉，很对不起鲨鱼。

所以偶尔听到有鲨鱼咬人的消息，我绝不痛恨它们，觉得甚为公平，《大白鲨》那部戏，应该得到奥斯卡最佳男主角金像奖的是鲨鱼。

闲话少说，我是潮州人，当然对潮州翅情有独钟，认为所有翅之中，潮州的红烧翅最好吃。用老母鸡、火腿、猪脚熬至浓汁来煮，最后下锅还要加猪油，那种油滑的口感，是吃翅的最高境界。当今潮州餐厅的红烧翅都不用猪油了，味道大逊，翅本身没什么好吃可言，不如吃菜胆肘子去，至少有火腿啃啃，尤其是吃肥的那个部分。

如果不在餐厅吃，家里做翅的话，最好到相熟的海味铺买发好的，准备过程极为繁复，不是靠它做生意就可免则免了。最高级的群翅，煲了起来，要三回。

第一次煲一定要在沸水中浸，等滚水略凉，取出除沙，再放入冷水中漂三四小时，然后一排排地放在竹笪上，一层一笪互压。放入瓦煲，文火煲三四小时取出浸清水，拆去骨头，再浸。

第二次煲同样是三四小时，这回浸水时间要长了，起码过夜，直到所有杂质完全去净为止。

第三次煲又是三四小时，不同的是煲了两小时后要换水，再煲两小时，这时鱼翅中的异味才完全消失。

煲了三次，便进入二次煨的阶段。

第一次煨用姜片，夹在翅内，同样一笪笪重叠，清水滚 15 分钟换水一次，清去姜片。

第二次煨，烧热锅，下大量猪油、绍酒和上汤，浸过翅面，滚 15 分钟。

别以为这就大功告成，还需要一道烤翅工序。

用半肥瘦猪肉、老母鸡，飞水后备用，火腿骨和猪皮也要先滚它一滚，再洗净，这时用一个大瓦煲，把以上材料放在下面，再加一层层的翅笪，最后用重物压在上面，才可以加上汤以文火来烤。三四小时后汤收干，一排排的翅便可取出。加马蹄粉，秘诀在最后又加几匙鸡油，淋在排翅上面，最后上桌。

这是古法，当今在中国香港的一般餐厅，或是到了泰国曼谷的鱼翅专卖店，也可以看到一笪笪的排翅，那大多数是用真空锅发出来的。烤翅的过程我也亲眼见过，是用太白粉勾了蚝油当芡，淋上去就是，有了蚝油便有点甜味罢了，而甜味当然是来自味精，相当恐怖。

没排翅吃，要吃杂翅的话，不如别试了。而且群翅有金沙、西沙、珍珠、毛、黄胶、棉、软沙群翅等之分，黄沙群翅最好，黄胶最差，当今看到海味店中的干货，有些所谓的金山勾翅和海虎翅，巨大得很，那不过是陈列品，已成为枯骨，不可食之。更下流的，是卖最不像翅的豆腐鲨的鳍部晒出来的东西，我在中国台湾的海味店就见过此物，大为摇头。

北方馆子中吃到的翅，菜式种类不多，内陆并不靠海，搞不出花样。北京菜多受山东菜影响，而山东人做得最拿手的是鸡煲翅。用火腿和老鸡熬成的浓汤，可以挂在锅壁上，汤比翅好吃，尤其是用馒头来蘸，馒头比汤好吃。

至于在中国澳门吃到的鸡煲翅，价钱虽然便宜，但用的不是电影中露出水面吓人的那个部分，只用肚皮下的那两片和尾巴罢了，根本称不上是翅。如果要吃这些杂物，我认为应该用连在鱼身上的翅头。广东人美其名为唇，与唇无关，翅头的口感甚佳，咬起来有啖啖是肉的感觉，身价甚贱，卖不起钱，但我最爱吃。

鱼翅还可以用蟹黄来煮，杭州菜中的大闸蟹蟹黄翅固佳，但比不上黄油蟹的蟹黄翅，竹笙①跳柱蟹肉翅也不错。但最好吃的应该是用最便宜的食材鸡蛋来炒最贵的翅。不过，如果你爱吃这道菜，就不如去吃粉丝炒蛋。至少，粉丝比鱼翅更能吸味，同时也很环保呀。

虾米与虾酱：时间封存的佳肴

也许是因为过去人穷惯了，或者是他们有点小聪明，吃不完的东西就用来盐渍与干晒，保存下来，随着经验起变化，成为佳肴。

虾米是代表性的干货之一。它并不像江跳柱那么高贵，是种很亲民

---

① 竹笙即竹荪，也叫竹参。——编者注

的食材。外国人不懂得欣赏，西餐中很少看到虾米入馔的。

上等的虾米，味道极好；劣货是一味死咸。当今要买到好的虾米也不容易，有些还是染色的呢，一般吃得过的，价钱已比鲜虾还要贵了。

我家厨房，一定放有一个玻璃罐的虾米，这种东西贮久了也不坏。虽然如此，干虾米买回来后，经过一两个月，还是装入冰箱，感觉好像安全得多。

前几天到九龙城街市，卖海鲜的雷太送了我一包，是活虾晒干的，已不叫虾米，而称为虾干，最为高级。第一颜色鲜艳，第二软硬适中，第三味好，水浸后不逊鲜虾。

虾米的用途最广，洗它一洗，就那么吃也行；买到次货，则在油锅中爆一爆，加点糖，拿来当下酒小肴，比薯仔片高级得多。

吃公仔面时，我喜欢把那包调味料扔掉；先用清水来滚虾米，它本身带咸，不必放盐或酱油，已是一个很美味的汤底，若再嫌不够味，加几滴鱼露即可。

和蔬菜的配合极佳，虾米炒白菜，就是沪菜中著名的开洋白菜，把虾米叫成开洋，亏上海人想得出。他们的豆腐上也惯用虾米、皮蛋及肉松来拌；早餐的粢饭也少不了虾米。开洋葱油煨面不可抗拒地好吃，传统制法为：将葱去根，用刀背拍松，切小段备用。开洋浸水，使之发软。烧红锅，加猪油，放葱段和开洋爆香，滴绍酒，加上汤，然后把面条放进去，待沸，转小火煨三四分钟，大功告成。

南洋一带，海虾捕获一多，都制虾米，尤其是马来西亚东海岸的小岛，所晒虾米最为鲜美。到新加坡和马来西亚吉隆坡旅行，别忘记买一些带回来。不必到海味专门铺子，普通杂货店亦有出售，选价钱最贵者，也是便宜的。

把虾米捣碎后加辣椒来爆香，就是著名的峇拉煎了。中国香港人当它来自马来西亚，听了发音后冠上一个"马来盏"的名字。用马来盏来炒通菜是一道最家常的小菜。当地人取了一个菜名，叫马来风光。

我最拿手的一道冷菜，主要原料也是虾米。制法为：先将虾米浸软，挤干水分备用。再炸猪腩肥肉为猪油渣，把刚炸好的小方块和指天椒放入石臼同时捣碎、加糖。上桌时铺上青瓜丝、干葱片和大蒜蓉，最后挤青柠汁进去。味道又香又辣又甜又酸，错综复杂，唤醒所有食欲神经。单单是这样小吃，已能连吞三大碗饭。

把小得不能再小的虾米腌制，就是一种叫 Chincharo 的东西，星马[①]的华人谑之为青采落，潮州话"随便放"的意思。它是死咸的一种酱料，通常装进一个像装西红柿酱的玻璃瓶中出售，吃时倒进碟里，加大量的红葱头片去咸，再放点糖。菲律宾人也有同样的吃法。如果在南洋的杂货店中看到这种粉红色的虾酱，也不妨买来送给家里的家务助理，她们会很高兴。

虾头膏是马来西亚槟城的特产。颜色漆黑，很吓人。做马来沙拉"罗惹"时不可缺少，有浓厚的滋味，槟城叻沙没有虾头膏也不行。我发现炒面时，将虾头膏勾稀，放进面中，独特的香味令面条更好吃。到槟城旅行可买一罐回来试试。天气一热，买几条青瓜，切成薄片后，从冰箱中取出虾头膏，涂在上面就那么吃，非常开胃；不然，在中国香港买到沙葛，用同样方式吃饭送酒也行。

至于虾酱，香港人甚为熟悉，它是将小虾腌制发酵后呈紫色的膏酱。那种强烈的味道，不是人人受得了的，但喜爱起来却是百食不厌。最鲜美的白灼螺片，也要用它来蘸。响螺片太贵，并非大家都吃得起，当今只有在蒸炒带子时派得上用场。

据称香港马湾的虾酱做得最好，我去参观过其制造过程，其实与所有海边渔民的做法都差不多，也许是马湾的质量控制得好的缘故吧。去流浮山的"海湾餐厅"，菜没上桌，先来一碟用猪油爆香的虾酱，已是

---

① 星马，指新加坡和马来西亚。——编者注

天下美味，不必吃其他东西也可以了。用它和活虾来炒饭，更是一流。

南洋的虾酱，一般比中国香港的浓厚和坚硬。用纸包成长方形，吃时拆开纸包，一片片切下。就那么在火上烤一烤，更香。挤上南洋小青柠汁，如果找不到，可用白醋代之，加点糖，已能下饭。

有一次与一个洋人朋友进餐，谈起虾膏和虾酱，他没有吃过，说道："你用最简单的说法形容一下吧！"

"味道很臭。"我想也没想，就那么冲口说出。

如今吃得荔枝，不羡贵妃当年

受东莞农业局邀请，去替他们推广荔枝，我也不是乱接这些宣传活动的，只是吃遍岭南各地荔枝，还是觉得东莞的最好，这句话数十年前已经讲过。

当今乘车往广州，一路上都可以看到无数的荔枝树，年产已达到150万吨了，这么多荔枝如何销售？他们已和网络电商合作，能以最快的速度把荔枝送到全国每一户人家的手上，物流的发达，让不可能成为可能，这是数年前还预想不到的事。

荔枝的品种有糯米糍、桂味、观音绿和妃子笑等。妃子笑在每年的六月初就成熟，果大，近圆形或卵形，果皮淡红带绿色，果肉细嫩多汁，但始终带有点酸味，核又大。杨贵妃心急，一早想吃，吃到的倒不是最好的品种。

苏东坡被贬去的惠州，所产荔枝据文献记载甚酸，也能日啖 300 颗，如果他老人家可以尝到真正的糯米糍，不知是否要吃 3000 颗才能将息。

妃子笑过后桂味就来了，果皮鲜红，龟裂片凸起，尖锐刺手，中间绕着一圈平坦的线，像一道条纹，很容易认出。广西也产桂味，有人说是以该地为名，我相信是因为有点桂花香气而起。爱上桂味的人，就不喜欢吃其他品种，都选它来吃。

观音绿无甚个性，说到荔枝，我最爱吃的还是糯米糍，不容置疑。它的果大，皮鲜红色，最美，龟裂痕平坦，果肉饱满，核极小，有时候还可以吃到核扁的，薄如纸，一粒荔枝全是果肉，要到六月下旬至七月上旬才成熟，得耐心地等，吃到时非常满足。

当然有些是变了种的，途经果园，看过一颗大如苹果的荔枝，即刻下车向荔农要来吃，发现肉硬而无味，当地人叫它"掟死牛"，"掟"是粤语，讲成普通话是"掷死牛"的意思。

喜欢吃荔枝的人，一定会吃个不停，但总被家长或老婆喝止，说"一颗荔枝三把火"，我小时候听到这话时就想，吃那么多粒，岂不把整间房子烧掉？才不管，一看到糯米糍，非吃它四五十颗不可，尤其是到果园亲自去摘的时候。

从树上采当然过瘾，但当到达时，太阳把荔枝晒得温温暖暖，再好吃也不爽，还是由果农在天暗时摘了，再用一桶水，把荔枝洗净，加大量的冰块，一粒粒取出来送进口，拿多了，手指冻僵，那种感觉也是过瘾的。

吃多了脸长暗疮怎么办？这是女人最关心的事。民间存有种种偏方，说什么以毒攻毒，把荔枝皮拿去煲水来喝，就能解之。但要多少皮，煲多少水，煲多久呢？却没有秘方。果皮上的细菌或幼虫，煲过了当然会

被杀死，但担心农药犹存，我总是感觉不妥，从来不会去那么做。

从前写过，吃荔枝要是吃出病来，是一种"低血糖症"。果实之中含有大量的果糖，被胃吸收后必须由肝脏转化酵素变为葡萄糖，才能被人体利用。葡萄糖是好的，但过量了胃就吸收不了，变成葡萄糖不足，疾病才会产生。[①]

医治的方法是"糖上加糖"，补充一些葡萄糖，就行了。最普通的治法，还是喝点盐水就可以。

荔枝还有一个品种叫挂绿，一般产自增城，我也去过，看到原树被铁栏杆包围住，还挖了一圈深壕，怕人家来偷采。这棵树所产的荔枝当然轮不到一般老百姓吃，但每年也有所谓的嫁接挂绿卖，价钱贵得惊人。有一位老友是增城人，也常送些给我，两粒装，放在一个精美的盒子里面，好吃吗？一点也不好吃，还带酸呢。

这回到东莞，有人宴客，也把荔枝做成菜肴，铺了面粉炸出来，样子难看，我没举筷。吃过荔枝菜，有些是塞了猪肉碎蒸的，但不如塞虾浆的好吃，海鲜和荔枝的配搭是相当对路的。如果甜上加甜，用荔枝来做拔丝，也不错吧。

许多水果，盛产了扔掉可惜，都做成罐头来卖，但都不好吃，不过荔枝是例外，罐头荔枝我一点也不介意，剩下的糖水也照喝不误，不逢季节时拿罐头荔枝来做啫喱，也很美味，吃多了不会上火吧？

一年大造，一年小造，是荔枝的特性，让果树休息一下，大自然很聪明。大造时满山遍野的荔枝，采摘荔枝的人工钱更贵，所以有的人就

---

① 仅记录当地人的说法，未作医学考证。——编者著

不去管它，让它自己掉下，这多可惜，如果农业部能出奖金鼓励，用科学方法保存下来，像苹果一样，就能一整年都有荔枝卖了。

更进一步，可以鼓励农民到澳大利亚去种。我们这边天冷时，那边天热。相反的时候，冬天就有荔枝从澳大利亚运来。澳大利亚出产的荔枝最初不行，运到时果实的皮已黑，慢慢改进之下，当今的都还不错，如果有东莞人的技术去澳大利亚种，改良树种，让它更红、更大、更甜，相信又是一大笔生意。

当今物流的发达，不但让中国各省人有新鲜的荔枝吃，也可以运到日本、韩国甚至欧洲去。我当年在日本留学时，看到银座最高级的水果店"千匹屋"有荔枝卖，虽然价高，而且果皮已变黑，但为了思乡，也去买来吃。在巴黎、伦敦的酒店吃自助早餐，看到罐头荔枝，见洋人吃得津津有味，要是有新鲜的，那么连手指也要啜个干净吧？

想起唐朝当年，不知道要跑死多少匹骏马才让贵妃吃到，也真可怜。

潮之葱糖，极白极松，绝无渣滓

当今，在中国香港铜锣湾的街角偶尔还有人卖糖葱薄饼，那是将一块块的糖干用片薄饼皮包起来的小吃，是潮州人独特的手艺。

有位好友很喜欢，曾经问我是怎么做的。我小时候见过，记忆犹新。

　　一开始，先用一个大锅，加水煮糖。怎样才知道已经够火候呢？记得大师傅要把糖浆取出来一点，浸在冷水中，一下子就变成了一个不规则的透明体，发着很多黏在一起的泡泡。有经验的老人家一看，就知道糖浆硬不硬。

　　煮到糖浆变成橙黄色的一团团时，用两根木棒捞起，就那么一摔，让它挂在木柱上，便可以开始拉了。这时候还是要用木棍，因为温度太高，会烫伤手的。

　　一拉再拉，等它有点冷了，就以双手重复拉之。像拉面一样，折叠又折叠；它也像面，能拉出多少条，就是能拉出多少孔来。

　　地上还要生起一个炭炉，拉时在上面烤一烤，糖团才不会发硬。师傅这时候又将糖团扔向柱子，借力再拉。

　　说来也奇怪，由白糖煮成透明的糖水，再凝结会成为黄色糖团。经过一拉，像匹布一样，在太阳的折射之下，如蚕丝般五颜六色，鲜艳得令人炫目。最后再冷却，直至完全变白。

　　这时用刀一切，横切面上的糖饼气孔中，出现了很多个孔。细数之下，大孔有 6 个，小孔有 256 个，绝对不会算错，神奇得要命。

　　这种代代相传的手工，已成为一门艺术，它在明朝已闻名，当年任潮州知府的郭子章已有文字记载："潮之葱糖，极白极松，绝无渣滓。"

　　小贩把切成长方形的糖饼，一块块地装入不漏气的铝桶中，再拿上街头叫卖，吃时撒上芝麻和花生碎，用薄饼包裹。

　　我在中国台湾时，也看过小贩卖这种小吃，除了花生芝麻外，还撒芫荽和葱段，可真是名副其实的糖葱薄饼了。

"面痴" 初尝裤带面

近来我已少在电视上做嘉宾，接到中国中央电视台来电，说要我去评点中国的十大名面，地点是在西安的咸阳。兴趣来了，说走就走，从香港赤鱲角直飞，原来机场就在咸阳，要去西安的话也非经此地不可。

评点的面都不是我选的，由电视台的人决定，他们的名单是：北京炸酱面、四川担担面、河南烩面、咸阳裤带面①、延吉冷面、山西刀削面、兰州牛肉面、山东炝锅面、武汉热干面、广州云吞面。

任何入选名单都有人不满意，因为他们家乡的面没在里面，就像《舌尖上的中国》，已收集得十分周全，但还是有人投诉，这是不可避免的。

我自称是个面痴，又被别人封为什么专家，其实非常惭愧，我连裤带面都没吃过，对邉邉面这个名字也没知识，邉是汉字中笔画最多的一个字，一共有 42 画，读音为 biáng，多数人嫌烦，也用罗马字来写，到底是什么东西？

我即刻恶补了一下，要求早一天到达咸阳，我就去试一家又一家的面档，势必把咸阳的面都吃过不可。翌日一早，就往菜市场走，没有一个地方是比菜市场更齐全的了。

一位妇人在卖手擀面，手擀面和拉面不同，仔细看她的制作，先把

---

① 也指邉邉面，陕西关中特色传统面食，因制作过程中有 biang、biang 的声音而得名。
　　——编者注

面压扁，一层又一层，一共 15 层，再用一根棍子当尺，一刀一刀切下去，熟能生巧，每一刀切 15 条，大小都一样，面条切宽切细皆宜，看客人的需要。问她多少钱，回答一斤三元。

在另一档见到刀削面，与之前看过的不同，面非常之长，怎么能那么长？店里的人说是机器切的。哦，原来是机器刀削面！哈哈，时代进步了！

另有圆面，又叫拉条子。

隔壁的大排档卖炒面，师傅把锅抛了又抛，一般人还没那么大力气，做不到。炒完配料之后再炒面，最后还要加两颗炒蛋盖在面上才上桌。动作再快也要做七八分钟，一碟面才卖八元，在香港不可想象。

又上馆子吃，当地出名的一家叫作"齿留香"，吃完除了便宜没留下什么印象，但裤带面总得先吃一下，原来是非常非常宽的面，宽得像裤带，故亦称裤带面。那么厚，那么宽，我先入为主地认为是很硬的，但咬了一口，哎呀呀，居然能够完全熟透，而且一点也不硬。一种东西做久了，一定会做出道理来，据说煮的时间还不用太长呢，好吃，好吃，真是服了咸阳人了。

用这种宽面来做成种种不同汤底和浇头的面，最常见的是用猪肉、猪骨煮西红柿的，叫作"西红柿原汁面"，配料是西红柿、大葱、鸡蛋和青菜，在大酒店里吃，也只要 20 元。

这次因为时间关系，有些面没办法尝到，但我还是有口福的，遇到下榻的"咸阳海泉湾酒店"的餐厅总厨李林，原来他来自广西，常看我的饮食节目，他向我说："菜单上的面都煮给你吃，菜单上没有的，你只要出声，我明天就为你准备，包管让你吃遍。"

好，来一碗"爽口酸汤面"，用的是不粗又不细的面，配料有鸡蛋、香菜、小葱，再淋白醋，很刺激胃口，吃得再饱也可以来一口。

"干拌刀拨面"的所谓刀拨，也就是刀切的意思，干拌就是干捞，有一小碟面酱，另有肉碎、蔬菜丁、豆腐干丁、豇豆角等，可以吃出面味来，比汤面好吃。

"关中臊子面"的浇头有炒过的鸡蛋、小葱、红萝卜、土豆、黄花菜、木耳和肉碎，就是他们的肉臊子了；汤是用猪骨熬出来的，另加味精，不管口汤多甜、多鲜，也要加味精。

"咸阳箸头面"，就是像筷子般粗的面，也是干捞的，配有鸡蛋、豆芽、肉酱和青菜，另有一大碟醋，我是不吃酸的，故以酱油代替。

后来又到了另一家餐厅试了各种名字已经记不起的面条，饱到像西班牙人用手势示范：要从双耳流出来了！

回到当晚的电视节目，每一种面都请历史学者蒙曼和我评点，对方用的是学术和历史的角度，我简简单单地评好吃与不好吃。说到炸酱面，我第一次吃是在韩国旅行时，那是 50 年前的事，在当年还叫汉城的韩国首都（今首尔），在中国人开的馆子里一定有得吃，点了面就能听到砰砰的拉面声，现拉现做，一点也不含糊。当年大家都穷，配料只有洋葱、青瓜和面酱，也吃得津津有味。当今想起，那是我吃过的最好吃的炸酱面，后来去了山东再试，已加了一些海参等高级食材。北京通街都是炸酱面馆，我觉得也没有山东和当时汉城的味道正宗。

其实，客观地看，福建的油面也应该入围，它不只在闽南著名，在南洋和世界上其他有华人的地方都有黄色的油面，其影响力，绝对是超过用荞麦做的延吉冷面的。

偶尔浅尝，内脏万岁

问墨尔本最佳牛扒屋的老板弗拉多（Vlado）先生："你烧的牛肝也不错，为什么不做其他的内脏？"

"想呀，"他回答，"但是我们西方人没有你们东方人做得好。"

这句话也中肯，你看纪录片中的豺狼和豹，先咬开肉吃内脏，它们懂得，内脏是好吃的，比肉软，味道又浓。

是的，中国人做内脏是有一套的，什么卤大肠、蒸粉肝，做得出神入化。中国人之中，台湾人吃内脏是第一位的。哪里看得出来？到菜市场逛一圈就知道了，猪腰、猪脑，卖得比肉还要贵。香港人从前做内脏也做得好，但当今大家为了健康，就少吃了，内脏在菜市场中卖得很便宜，有些肉贩见到熟客，还免费奉送呢。

台湾人吃内脏的文化水平实在很高，用酱油装进注射筒，打入猪肝的血管中，再蒸出来。他们做的麻油腰子刚刚够熟，可以吃了一碟又一碟，真是美味。

我们一看到内脏，就联想起胆固醇，倪匡兄有一次去菜市场买两斤猪肝，肉贩说："两斤胆固醇，拿去。"

胆固醇也有好和坏之分，我们吃的都是好的，人家吃的才是坏的。吃得高兴，自然产生一种激素，让身体健康，什么都变成好的了，怕这个、怕那个，难免吓出病来。

不是天天吃，也非餐餐咽进口，偶尔浅尝，为什么不去吃？

洋人不吃内脏吗？也不是，意大利人最会吃了，一次我到西西里，菜市场中有一档白煮内脏的摊子，肚呀肠呀，什么都用盐水煮熟，你要

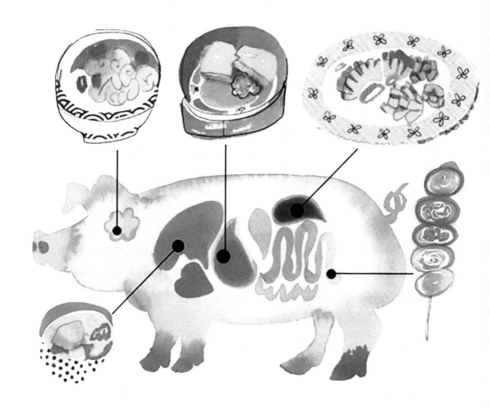

哪个部分，小贩便会切成片给你，价钱便宜得令人开心。

在翡冷翠①的大教堂广场，最受游客欢迎的也是那一档白煮牛肚，你如果去了一定尝过，不必我推荐。

---

① 即佛罗伦萨。——编者注

葡萄牙人更是厉害，建了个卖砵酒的波尔图市，到处都有西红柿煮牛肚，一家比一家做得精彩。

虽说多吃无益，但我到现在还是喜欢吃内脏，想起从前南北巷中那档猪杂汤，实在是好吃得很。先把猪肚拿出灌水，灌得发胀，中间那层脂肪已被冲走，剩下的是半透明的纤维，拿来切块，在滚汤中涮一下，撒大把珍珠花菜，加上汤中的猪腰、猪粉肠等，比什么大鱼大肉都要美味。可惜当今没有这种功夫，摊子还在的，聊胜于无，我还时不时地去光顾。

中国台湾的切仔面，其实吃的是配料，他们把内脏煮熟后这儿切一碟，那儿切一碟，也叫黑白切，是胡乱切的意思。做得最好的是"卖面炎仔"，这家已有80年历史的老店，做的猪心、猪肝、猪腰都是白灼的，然后就铺上姜丝，夹了一块，蘸浓厚的酱油膏，真是百吃不厌。

到中国香港的"陆羽茶室"去，第一样要叫的点心就是猪膶烧卖，广东人认为"干"声不好听，就把猪肝改为猪膶了，此碟猪膶烧卖一吃难忘，现在还可以点到，快点去吃。

旺角小食档中，除了鱼蛋猪皮，最受欢迎的还是炸大肠，被炸得外脆内软，是仙人的食物。后来我看了一篇食家写的文章，说猪大肠不能洗得太干净，要留一点排泄物的味道，就愈吃心中愈发毛，看到此物，也不再去碰了。

只说陆生动物的内脏，不说海产的不可。鱼的内脏，大家都知道档次最高的是伊朗的鲟鱼子，从前只有几个人会腌制，当今只剩下三五个人了，其他地方做的都咸死人。

平价的鲑鱼子大家也吃得多，乌鱼子不只中国台湾人爱吃，其实意大利人、土耳其人都喜欢，卖得当然不便宜。最毒的河豚白子，也有人敢吃，日本金泽有一家人专卖这个，我买来试，只觉得很咸，没有河豚肉的甜味。夏天鲇鱼应季，从前水清，产量不少，钓得多，吃不完，就放入冰箱冷冻，可吃一年。冷冻鲇鱼时先取出内脏，用面酱腌了，虽带苦味，但十分美味，日本人用来佐饭，我们可以把它拿来蒸蛋，和礼云子①有异曲同工之效。鲇鱼的鱼子腌制了叫 Uruka，日本的汉字写成"鱁"，另有"润香"或"湿香"之名。鲇鱼的卵子则叫"子润香"，精子叫"白润香"，一起腌制了叫"苦润香"。鱁是个古字，凡是用鱼肠腌制的都能叫鱁，多数是用盐腌，也有用蜜糖腌的，不知道当今还有没有人做？若有，专程走一趟去试也值得。

恨不能天天吃面

南方人很少像我那么爱吃面吧？365 日，天天食之也不厌，我是名副其实的一个面痴。

面分多种，喜欢的程度有别，从顺序算来，我认为第一是广东又细又爽的云吞面条，第二是福建油面，第三是兰州拉面，第四是上海面，第五是日本拉面，第六是意大利面，第七是韩国番薯面。而日本人最爱

---

① 礼云子是蟛蜞子的雅称。——编者注

的荞麦面，我却最讨厌。

一下子不能聊那么多种，我先集中精神谈吃法。广义上面分为汤面和干面。从两种中来选，我还是喜欢后者。我一向认为面条一浸在汤中，就逊色得多；干捞来吃，加点猪油和酱油，最原汁原味了。

把面渌①熟了捞起来，加配料和不同的酱汁，搅匀，就是拌面了。捞面和拌面，皆为我最喜欢的吃法。

广东的捞面，简单得什么配料也没有，只有几条最基本的姜丝和葱丝，称为姜葱捞面，我最常吃。做得豪华一点儿，有点叉烧片或叉烧丝的，我也喜欢。

捞面变化颇多，以加柱侯酱的牛腩捞面、加甜面酱和猪肉的京都炸酱面为代表，其他有猪手捞面、鱼蛋牛丸捞面、牛百叶捞面等，数之不清。

有些人吃捞面的时候，吩咐说要粗面，我反过来要叮咛，给我一碟细面。

广东人做细面是用面粉和鸡蛋搓捏，再加点碱水；制面者以一杆粗竹，在面团上压了又压，面团才够弹性，用的是阴力②，和机器打出来的不同。

碱水有股味道，讨厌它的人说是尿味，但像我这种喜欢吃它的人，面不加碱水就觉得不好吃，所以爱吃广东云吞面的人，多数也会接受日本拉面，两者都下了碱水。

北方人的凉面和拌面，基本上像捞面。虽然他们的面条不加碱水，

---

① 渌，粤语方言，指煮。——编者注

② 粤语方言，指柔劲儿、暗劲儿。——编者注

缺乏弹性，又不加鸡蛋，本身无味，但经酱汁和配料调和，味道也还不错。

最普通的是麻酱凉面，将面条渌熟后垫底，上面铺黄瓜丝、红萝卜丝、豆芽，再加芝麻酱、酱油、醋、糖及麻油，最后还要撒上芝麻当点缀。把配料和面条拌起来，夏天吃，的确美味。

日本人把这道凉面学了过去，面条用他们做的拉面，配料略同，多加点西洋火腿丝和鸡蛋，加大量的醋和糖，酸味和甜味很重，吃时还要加黄色芥末调拌，我也喜欢。

初尝北方炸酱面，我即刻爱上。当年我是在韩国吃的，那里的华侨开的餐厅都卖炸酱面，叫了一碗后就从厨房传来砰砰的摔面声，拉长渌后在面上加点洋葱和青瓜，以及大量的山东面酱，就此而已。当今物资丰富，其他地方的炸酱面加了海参角和肉碎、肉臊等，但都没有那种原始的炸酱面好吃。此面也分热的和冷的，基本上是没汤的拌面。

四川的担担面我也中意，我在南洋长大，吃辣没问题，担担面应该是辣的，传到其他各地后像把它阉了，缺少了强烈的辣，只下大量的花生酱，就没那么好吃。每一家做的都不同，分有汤的和没汤的，我认为干捞拌面的担担面才是正宗的，不知说得对不对。

意大利的所谓"意粉"，那个"粉"字应该是面才对。他们的拌面煮得半生不熟，要有咬头才算合格。到了意大利当然学当地人那么吃，可是在外地做就别那么虐待自己了，面条煮到你认为喜欢的软熟度便可。天使面①最像广东细面，酱汁较易入味。

---

① 即 Capelli d'Angelo，一种非常细的意大利面。——编者注

最好的是用一块大帕玛森芝士, 像餐厅厨房中的那块又圆又大又厚的砧板, 中间的芝士被刨去作其他用途, 凹了进去, 把面潦好, 放进芝士中, 乱捞乱拌, 弄出来的面非常好吃。

至于韩国的冷面, 分两种, 一种是浸在汤水之中, 加冰块的番薯面, 上面也铺了几片牛肉和青瓜, 没什么味道, 只有韩国人特别喜爱, 他们还说朝鲜的冷面比韩国的更好吃。我喜欢的是另一种, 他们的捞面, 用辣椒酱来拌, 也下很多花生酱, 香香辣辣, 刺激得很, 吃过才知好, 会上瘾的。

南洋人喜欢的, 是黄色的粗油面, 也有和中国香港的云吞面一样的细面, 但味道不同, 自成一格。马来西亚人做的捞面下黑漆漆的酱油, 本身非常美味, 但近年来模仿中国香港的面条, 愈学愈糟糕, 样子和味道都不像, 反而难吃。

我不但喜欢吃面, 连关于面食的书也买, 一本不漏。之前购入一本《凉面与拌面》, 内容分中式风味、日式风味、韩式风味、意式风味和南洋风味。最后一部分, 把南洋人做的凉拌海鲜面、椰汁咖喱鸡拌面、酸辣拌面、牛肉拌粿条等也写了进去, 实在可笑。

天气热, 各地都推出凉面, 作者以为南洋人也吃, 岂不知南洋虽热, 但所有小吃都是热的, 除了红豆冰, 冷的东西他们是不去碰的。

而天冷的地方, 像韩国, 冷面也是冬天吃的。坐在热烘烘的炕上, 全身滚烫, 来一碗冷面, 吞进胃, 仿佛听到嗞的一声, 多么舒服。

但像我这种面痴, 只要有面吃就行, 哪儿管在冬天还是夏天呢。

除了面，我最爱的就是米粉了

除了面，我最爱的就是米粉了。

米粉基本上用米浆制作，有各种形态，不可混淆。很粗的叫米线，也有掺了粟粉的越南米线，称之为檬，有点像中国香港人做的濑粉。更细的是云桂等地的米粉，当然最细的是中国台湾省新竹县产的米粉。而天下最细的掺了面粉的面线，只比头发粗了一点罢了。

我们要谈的，集中于中国大陆和中国台湾的米粉。制作过程相当繁复，古法是先把优质米洗净后泡数小时，待米粒膨胀并软化，便能放入石磨中，以人手磨出米浆来。将米浆装入布袋，把水分压干，就可以拿去蒸了。

只蒸五成熟，取出来扭捏成米团，压扁、拉条。只有最熟练的工人可以拉出最幼细的米条，放入开水中煮。再过冷河①，以免粉条粘连。最后晒干之前，将粉条拆成一撮撮，用筷子夹起，对折后平铺在竹筛上，日晒而成。

要做成好的米粉不易，完全靠厂家的经验和信用；产品幼细，煮后也折不断，入口有咬头。太硬或太软都是次货，而颜色要带点微黄。要是全为洁白的米粉，那么一定是经过漂白，不知下了什么化学物质的，千万别碰。

多年前，还能在中国香港"裕华百货"的地下食品部买到新鲜运来

---

① 过冷河是粤菜的一种烹调方式，指将食品烫熟至七八成，再将其泡在冷水中。——编者注

的东莞米粉，拿来煮汤，最为好吃。当今的已多是干货。菜市场中的面档，也能买到本地制作的新鲜粗米粉，大多数是供应给越南或泰国餐馆做檬的。

到了高级一点的杂货店，像九龙城的"新三阳"，就能买到各种干米粉。最多人购买的是"东莞米粉"和"江门排粉"，都属于较粗的米粉。茶餐厅所煮的汤米，都用这两种货，它们易断，味道不是太坏，也并不给人惊艳的感觉。

质地较韧的有"天鹅牌"，将它煮熟后不必过冷河即可进食，米质也较佳，为泰国制造，"超力"为总代理。"超力"自己也生产米粉，若嫌麻烦，可吃其即食包装的银丝米粉，质量最有保证。

众多的米粉之中，我最爱的是中国台湾的米粉，也有多种选择。有大集团"新东阳"生产的，还有新竹米粉等。因为台湾米粉价贵，所以当今福建也大量生产新竹米粉，只卖五分之一的价钱。

长年的选择和试食之下，我发现新竹米粉之中，最好吃的是"双龙牌"的，由新华米粉厂制作。

新竹米粉不必煮太久，和煮方便面的时间差不多就能进食，也不必过冷河。家里有剩菜剩汤，翌日加热水，把新竹米粉放进去滚一滚，就是一样很好的早餐。

米粉和肥猪肉的配合极佳，它能吸收油质。买一罐红烧扣肉罐头，煮成汤，下米粉，亦简易。下一点儿功夫，加只猪脚煮米粉，是台湾人过生日必吃的，我也依照这个传统，在那一天煮碗猪脚米粉，为自己庆祝一下。

说到炒，台湾人的炒米粉可说是天下第一了，做法说简单也简单，说难亦难。听说台湾男人娶媳妇，首先叫她炒个米粉判断手艺，好坏有天壤之别。

　　米粉配料丰俭由人，最平凡的只是加些豆芽、高丽菜，就可以炒出素米粉来。豪华的可用虾米、猪肉、黑木耳、鸡蛋、葱和冬菇等，也不是太贵的食材，将它们切丝后备用。

　　炒时下猪油，爆香蒜蓉。米粉先浸它十分钟，捞起下锅。左手抓锅铲，右手抓筷子，迅速地一面翻炒一面搅，才不至于粘底变焦。太干时，即刻加浸了虾米的水，当成上汤，炒至半熟。把米粉拨开，留出中间的空位，再下猪油和蒜，爆香上述配料。这时全部混在一起炒，最后下酱油调味，大功告成。一碟好的炒米粉，吃过毕生难忘。

　　下些味精，无可厚非，但如果你对它敏感，就可炒南瓜米粉。南瓜带甜，先切成细丝，炒至半糊，再下米粉混拌。要豪华，加点新鲜蛤蜊肉。台湾南部的人炒南瓜米粉，最为拿手。

　　香港茶餐厅中也有炒米粉这一道菜，但没多少家做得好，九龙城街市三楼熟食档中的"乐园"，炒的米粉材料中有午餐肉、鸡蛋、菜心、肉丝及雪里蕻，非常精彩，我自己不做早餐时就去点来吃。

　　我们熟悉的星洲炒米，只是下了一些咖喱粉，就冒称南洋食品，其实它已成为中国香港菜，有独特的风格。

　　在星马吃到的炒米粉，多数出自海南师傅的手艺。先下油，把泡开的米粉煎至半焦，再炒鱿鱼、肉片、虾和豆芽，下点粉把菜汁煮浓，再淋在米粉上面，上桌时等芡汁浸湿了米粉再吃。记忆中，他们用的米粉也很细，南洋应有一些很好的米粉厂供应。

　　如果你也爱吃米粉，那么试试自己做吧。煮也好炒也好，失败几次就成为高手。也不一定依照传统，可按照煮面或意大利粉的方法去尝试。米粉只是一种最普通的食材，能不能成为佳肴，全靠你自己的要求。

酱萝卜：味蕾的神奇魔法

正愁找不到题材写作时，有记者来传真询问关于酱萝卜的事，启发了我的随想。

最初，我接触到的是潮州人的萝卜干，叫作菜甫。剁成碎粒，用来炒蛋一流。潮州人认为菜甫愈老愈好，其实新鲜腌制的也不俗。带着浓重的五香味和甜味，切成薄片送粥，是家常便饭。

做潮州鱼生时，有种种配料，菜甫丝是少不了的，其他有中国芹菜、生萝卜丝、青瓜丝和一种叫酸杨桃的，样子像长形的萝卜，酸得要命。因为点的青梅酱，又甜又酸，只有用咸菜甫来中和。

广东人有道汤，只用咸萝卜和冬瓜来煲。清淡之中见功力，也是我喜欢喝的。潮州做法是加了姜片，但也要下几块肉，味道才不会太寡。

腌渍了 20 年以上，老菜甫会出油。油已被当成药物，小孩子消化不良，父母喂他们喝口老菜甫油，即刻打嗝，肠胃通畅，神奇得不得了。

咸萝卜传到日本去，冲绳岛的菜甫和潮州的一模一样，制法是把萝卜晒干了，用海水放入缸中腌渍。我们叫缸，日本人称壶，故有"壶渍"（Tsubo Tsuke）之名，鹿儿岛生产的最著名，叫作"山川渍"（Yamagawa Tsuke）。

菜甫这种渍物在日本并不十分流行，只有乡下地方的人才爱吃，最普遍的是黄色的"泽庵渍"，又简称为"泽庵"（Takuan）。名称由来有多种传说，但最可靠的传说是由禅宗大师泽庵发明的，故以此名之。

泽庵的制法有两种，一种是干燥后灌盐处理，另一种是不用日晒，用盐渍之，让它脱水。前者外皮皱，后者光滑，可以此区分。因和叶子一块渍，天然制品呈自然的黄色，加甘草和盐的人工制品下了色素，颜色黄得有点恐怖，最为下等，尽量少食。

最美味的是一种叫作 Iburigakko 的秋田泽庵。秋田县多雪，萝卜拔取后不能日晒，就吊在家里的火炉上烟熏，熏叫 Iburi，而 Gakko 是渍物的秋田方言。近年秋田县已建了熏房大量制造泽庵，味道较为逊色了。

京都人都不爱吃泽庵，他们喜欢的是一种叫作"千枚渍"（Senmai Tsuke）的酱菜，材料虽说是萝卜，但和传统的有所不同。它是个圆形的东西，小若沙田柚，大起来像篮球，日本人称之为"芜"（Kabu）。

把皮削掉，切成薄片，一个大芜可片出无数片，故有千枚之名，即千张。用盐、昆布、茶叶和指天椒腌制，产生自然的甜味，在京都随处可找到，可惜当今已用调味品代替古法。下了糖，味道便不那么自然了。

但说到日本最精彩的酱萝卜，那就非"Bettara Tsuke"莫属。它是东京名产，用酒糟来腌制的，原形还黐着米粒，酒糟更能把萝卜的甜味带出来，但那股甜味是清爽的，和砂糖的绝不一样，就算喝酒的人不喜欢吃甜，一尝此味，即刻上瘾。高级的寿司店中经常供应，让客人清清口腔，再吃另一种海鲜。用它来送酒，也是天下绝品。

但藏久了就走味。每年最新鲜的渍物上市，这时味道最佳，我常在这段时期大量买渍物回来吃。手提行李中装了一大包，在飞机上打开来吃，那股臭味攻鼻，闻得空姐逃之夭夭。

这是萝卜皮和曲母引起的化学作用，但和臭豆腐一样，闻起来臭，吃起来香，不过新鲜的 Bettara 是没有那股异味的，闷久了之后才会挥发出来。

韩国人的渍物最常用的原料是白菜，除了白菜，就轮到萝卜了。把萝卜切成小方块，用盐、辣椒酱和鱼肠腌制，日本人称作"Kakuteki"。

这种渍物又脆又酸又甜又辣，非常好吃，尤其到了冬天，在小店中生了火炉，觉得有点热时，来几块冰冷的酱萝卜角，感觉美妙。把整碟吃完，将剩下的酱汁倒进牛尾汤饭之中，搅动一下，有点腥味和臭味发出，更能引起食欲。

韩国人叫泡菜为金渍，不是所有金渍物都是干的，也有水金渍，那是把萝卜切片或刨成丝，浸在酒糟和盐水之中，可当汤喝。

说回中国的酱萝卜，我小时候吃过镇江的，是一颗颗像葡萄一样大的东西。爸爸解释：在镇江种的萝卜都是这一类品种，隔了一区，到了省外，就是大型的直根状。镇江种的一从泥土中揪出来，就是一大串，至少有上百颗，粒粒都又圆又小。

很想吃回这种产品，可惜当今在国货公司或南货店都找不到了。

天下最美味的酱萝卜，应该是"天香楼"制作的，做法简单，将萝卜切成长条，用盐水和生抽混合，加花椒和八角腌成。

但是做法虽说简单，在"天香楼"之外，所有模仿它的杭州菜馆，包括杭州本土的老字号，都吃不到此味，就是那么神奇。大批日本老饕来吃大闸蟹，一尝到杭州酱萝卜，都感到惊艳，感叹日本人的泽庵再厉害也比不上，只能俯首称臣。想一罐罐买回去，"天香楼"要看是什么人请客，给面子才分点，让他们当宝贝带走。

家里酱油最多，成为"酱油怪"

我年轻时爱酒，吃菜送酒，喝的白兰地糖分甚高，也就不爱吃甜的，连白饭也不去碰；近来晚上吃它一碗，也是少饮酒之故吧。

那么平时吃些什么菜呢？你是哪里人，一定要吃哪里菜咯，不过我是潮州人，也不一定喜欢吃潮州菜，对家乡菜的爱好和偏见，我是没有的。一切在于比较，比较之下，是江浙菜较为优胜，所以我喜欢吃宁波菜、上海菜，当然也爱吃杭州菜，但是杭州菜，也只剩下中国香港"天香楼"的吃得过。到了杭州，一切传统被破坏，餐厅做的一点也不像样，连鸭舌头也没卤好，东坡肉更是讨厌地扎成硬邦邦的一个方块，淋上一塌糊涂的浓酱，不像"天香楼"只用花雕去炖，用个乞丐瓦钵一盅盅去盛那么正宗。也许民间还有好的，只是我没机会试到罢了。

爱吃江浙菜的另一个原因是它们带甜，白兰地喝得少了，体内对糖分的要求高了，也能接受浓油赤酱里面的甜味。从前一看到甜东西就逃跑的习惯也改了过来。

其他原因，是外出旅行的时间很多，被主人家请客，所见的食物并不开胃，像一上桌就是一盘鲑鱼刺身，当然不去碰。其他菜式多数我也吃过，又没有旧时的水平，也就不举筷，或者浅尝一口。宴席完毕，回到酒店半夜一定肚饿，又懒得叫餐饮部送来那些咽不下喉的食物，所以慢慢地养成另一种习惯。那就是等到最后一两道菜时，把剩下来的一些打包回酒店，半夜三更睡不着时吃上一两口。友人问，菜冷了，怎么吃得下？这我倒没有问题，拍电影的岁月中，有东西吃总让工作人员先享用，自己最后才吃，吃的当然是冷的了。

打包的多是几口炒饭之类的，到了北方，来个馒头或大包，不然有什么馄饨、面类也行，把汤汁倒掉，剩下干的，照吃不误。但打包回来的，多数已乏味，这时有点酱油，什么都能解决，我发现酱油对我来说愈来愈重要，身上的和尚布袋或行李箱中总有些袋装酱油，常用日本"万"字牌的口袋装酱油，或者在闲时，把那些寿司店送的收藏起来。

那些寿司店习惯用一个做成小鱼形状的塑料容器装酱油。我家甚多，出门时抓它一把，有需要时救急。日本酱油有一个好处，那就是滚汤和红烧时也不会变酸。

天下酱油之多，真是不可胜数，本来日本酱油的质量很好，但现代人为了注重健康，把酱油做得愈来愈淡，我就逐渐不喜欢日本酱油了。中国的北方人爱上味道古怪的"美极"酱油，拼命模仿，我一闻到酱油中有"美极"味，即刻走开。

我对酱油的研究愈来愈深，只要看到有什么新产品，即刻买回来，试了一口不行，就放在一旁。家里什么最多？当然是酱油，厨房中至少有几十瓶，赏味期一过，就扔掉，我浪费酱油，算是数一数二的了。

小时蘸过一种福建人做的酱青，所谓酱青，就是淡颜色的生抽，那种味道，至今不忘，也不是什么贵重酱油，是很平民化的，结果一生去追求那种儿时滋味，但再也找不回来了。

后来我爱上日本酱油，更喜欢各种蘸鱼生用的"溜"，那就是酱油桶底味最浓的，色浓略甜。我买了各类牌子的"溜"，后来发现有种古怪的味道，也可能是防腐剂的味道？

在中国台湾生活过一段日子，吃切仔面时，有各类餸^①菜，最具代表性的有"官连"，那是包在猪肺外的一层薄肉，中国香港人称作猪肺捆。灼熟后，加上一些姜丝，就蘸着浓得似浆的酱油吃，称作"豉油膏"。最好的，遵从古法酿制的叫作"荫油"，台湾西螺地区生产的"瑞"字牌的最好，而且要选"梅级"的。

后来又找到带甘味的"民生"牌"壶底"油精，用一樽辣椒仔（Tabasco）玻璃瓶装着，非常美味，那是它用甘草来熬制，又加了糖之故，在各大超市里可以找到。

香港的，当然是"香港酱园"的生抽和老抽最好。

我在内地找酱油，经过一次又一次的失望之后，终于找到了"老恒和"生产的"恒和太油"，我可以说，这是天下最好的酱油了，而且是比较出来的、非常客观的定论。不过售价不菲，一小瓶200克的，要卖到人民币288元一瓶，但酱油又不是可乐，你能吃多少呢？

由湖州乘高铁到北京，车程三小时，打开火车供应的便当，已不开胃，但我有先见之明，早把那些装酱油的小鱼形状的塑料容器中的日本酱油倒掉，换入"恒和太油"，用它浇白饭，像法国人在餐碟上画画一样，淋上酱油，结果吃出米其林三星级的佳肴味道来。

---

① 餸是粤语常用词，指下饭的菜。——编者注

甜与咸，试过方知滋味

南洋小子，第一次来到中国香港，被朋友请到宝勒巷的"大上海"，第一道菜上的是红烧元蹄，一看，好不诱人，吃了一口，咦？怎么是甜的？

甜与咸，不只是对味道的一种选择，还是一种观念。你认为这道菜应该是咸的，但是一吃，加了糖，变得又甜又咸，就觉得奇怪，就吃不惯。对上海人来讲，他们从小就是这个吃法，一点问题也没有；对于其他地方的人，他们就产生怎么吃得下去的想法。

固执地认为又甜又咸的东西不好吃，那么人生中吃的乐趣就减去了一半，而永远觉得只有家乡味好，就是一只很大很大的井底蛙了。

不只是中国人，英国人也一样，吃东西时，先吃咸的，到最后才吃甜的，忽然间出现了一道蜜瓜生火腿，即刻摇头。意大利人则偷偷地笑，那么美味的东西，你们怎么懂得了？

天下美食，都是一群大胆的、充满好奇心的人试出来的。只要安稳、不求变的人，是无法享受的，美食也不值得让他们享受。

最初去日本，我贪便宜叫了一客"亲子丼"，是鸡肉和鸡蛋的组合。吃了一口，哎呀，怎么是甜的，鸡蛋怎么可以下糖，又不是蛋糕之类的甜品？后来发现日本人不只在亲子丼里下糖，也在吃寿司时的蛋卷里下糖，因为寿司铺没有甜品，只能吃鸡蛋卷当甜品了。

日本菜里面很多又甜又咸的，酱汁尤多，像烤鳗鱼的蒲烧做法，也很甜。最初吃不惯，后来才区分得出，酱汁的甜和鳗鱼肉的甜，又是两码事。

　　引申出去，有人认为鱼是鱼，肉是肉，不应该混在一起吃，一混了，即刻拒绝尝试。但是"鲜"字是怎么写的，还不是鱼加羊，即鱼和肉？

　　海鲜和肉类的配合中，有很多极为美味的菜肴，像宁波人的红烧肉中加了海鳗干，韩国人炖牛肋骨时加了墨鱼，都是前人大胆地尝试后遗留给我们的智慧。

　　和年轻人聊起做生意和创造食物、新产品，我的所有生意，都是"无中生有"。十分有趣的是，我年轻时一提起生意即厌恶，上了年纪后才知道甚为好玩。无中生有，多有创意呀！

　　无中生有就像咸要配合了甜来起变化，那就是"与众不同"了。举个例子，像我在网上卖蛋卷，卖得很好，但蛋卷是一种广东小吃，人人会做，就不是无中生有了；人人会做，就不是与众不同了。

　　我一开始想做蛋卷，是到广东东莞道滘镇，吃到一家叫"佳佳美"的。这家的粽子生意做得最大，也出一些小食，其中蛋卷都是以人工焙制，一片片地卷起来，薄如纸，做法是一流的。

　　我与佳佳美的老板娘卢细妹相识甚久，交情颇深，就请她帮忙做我的蛋卷，她的工厂宽敞，非常干净，人手又足够，她便一口答应了我的要求，把试味的工作交给了她的得力助手袁丽珍。

　　无中生有已经有了一半，接着就是怎么与众不同了。一般的蛋卷味道都是甜的，我的配方是又加蒜头又加葱，做出又甜又咸的蛋卷来。

　　这一下可把袁丽珍折腾坏了，味道试完又试，不满意的全部丢掉，一次又一次地失败。

　　从袁丽珍的表情，我可以看出她是一个和我一样勇于尝试的人，从不抱怨，重复再重复地试做，终于做出让我首肯的产品来了。

当今，我们的产品再一次证实，甜与咸的结合可以是千变万化的。

佳佳美的老板娘卢细妹一开始就了解甜与咸的配合，因为道滘的粽子，特点就是甜与咸。这种粽子，除了把蛋黄当馅，还把一块肥肉浸在冰糖之中，包裹后蒸熟，甜味的油完全溶在粽子之中，所以味道非常之特别，深得我心。但不是每一个人都会接受，我曾经把这粽子送给上海朋友，他们都皱了眉头。

浓油赤酱不也是带甜的吗，怎么不能接受？这又回到习惯的问题，这位朋友吃惯了湖州的粽子，就是新三阳、老三阳卖的那种，一点也不带甜的，所以就不喜欢了。

不爱吃的味道，慢慢地接触，像谈恋爱一样，久而久之，便会感情加深。最初，我们都是不吃刺身的；最初，我们很讨厌牛扒；最初，我们闻到芝士的味道就掩鼻。

一走进那个陌生的味道世界，宇宙便向我们打开，要研究的事物像天上的星星一样多，用一生一世的时间都是不够的。

回到最初的话题，甜与咸可以结合，酸与涩亦行，总之要试。我不厌其烦地重复说：试，成功的机会一半一半；不试，机会是零。

但是，有些人无论怎么去说服，也说服不了。不必生气，也不必教精[①]他们。这些人，注定只会因循守旧，不必同情，让他们自生自灭。

---

① 粤语方言，指教人学会、教明白。——编者注

辣：玩之不尽，味之无穷

辣，排在甜、酸、苦之后，是较为不受欢迎的味道，不过一旦爱上它，那倒是玩之不尽，味之无穷的。

它的载体——辣椒的形态千变万化，小如珍珠红豆，大似灯笼，红、白、绿、紫，色彩缤纷。在匈牙利布达佩斯的菜市场架子上，挂满了各式各样的辣椒，令人目不暇接，不知如何选择。只要你喜欢，辣会任你选择。

但是辣能致命，我曾经看过一位仁兄由于吃得太辣，整个人瘫痪，垂涎如吐丝，长长的一条切之不断；双眼翻白，全身抽筋痉挛。

通常辣椒并没有那么可怕，只是"调皮捣蛋"地让人"辣得飞起"，或者"辣得抓着舌头跳的士高①"。

造福人群也是辣椒的功效，登山家的靴中放着干辣椒，令双脚不至于冻僵；济众水中有辣椒的成分，能治肚泻；老人用的治风湿的膏药中，多数含有辣椒成分，令血液畅快地流通，减少痛楚。②

最冷和最热地方的人都嗜辣，吃辣者不分季节，春夏秋冬都能享受它的美味。

我印象中韩国人和印度人都能吃辣，但是试过之后便会发觉他们的菜辣度极有限。天下最辣的菜应该是泰国菜，但别以为它是一味用指

---

① 的士高，英文单词 Disco 的音译，即"迪斯科"。——编者注

② 仅记录民间人士关于辣椒的用法，未作医学考证。——编者注

天椒，指天椒的辣味可分多种，而且辣中带有奇妙的香味，才令人不停地吃。

美国也有一批嗜辣分子，大概是尝过墨西哥菜中辣的味道，制造了小瓶的辣椒仔（Tabasco）。这瓶东西是爱好辣椒的人的救星，在外国吃西餐，吃厌了唯有加几滴辣椒仔才能继续咽下。

美国有个吃辣大会，参加比赛的人当众表演烹饪自己最拿手的辣菜，冠军有奖金。据说这个机构每年筹得 100 万美元，都捐去做慈善。你有兴趣试几招吗？

中国菜中湖南的辣菜最为出色，用的尽是新鲜的辣椒。四川菜则以干辣椒入菜为主，什么宫保之类的菜，用的材料又干又硬，并不够辣，也没那么好吃。四川人做得上乘的是麻辣，麻辣名副其实地吃得连舌头都麻木了。将毛肚开膛，以麻辣酱为汤底来吃火锅，既刺激又过瘾。

西餐则以墨西哥的辣椒豆最为厉害，但不能多吃，多吃会连连响屁。

我曾经轻视匈牙利的灯笼椒，以为大型的辣椒一点都不辣，直到拿起一个咬了一口，辣得差点要我老命。当地人最喜欢把灯笼椒和牛肉熬成汤汁，这道菜也不能多吃，打起嗝来，味道三天不散。

辣椒有位"妹妹"叫胡椒，别小看她，本领不逊她的大姐，新加坡有道黑胡椒炒螃蟹的菜，非常够味。泰国的新鲜胡椒更是美味，一排排咬起来脆啪啪的，用她来炒山猪肉，可下白饭八大碗。

"大佛口食坊"的老板陈汤美也喜欢用胡椒入菜，他亲自做的"辣酒煮花螺"，就用了大量的黑胡椒。带韩国和泰国的朋友去吃，他们都举起指头称辣。我们这帮损友还嫌不够，有一晚陈汤美发起狠来，磨碎指天椒加进虾肉来清蒸。那雪白的虾肉看看并不吓人，一入口才暗暗叫苦，再吃下去会搞出人命的。

中国香港人本来不太爱辣，大概是到泰国旅行的人一多，中了辣瘾的人大有人在，无辣不欢。原始的避风塘的炒辣椒螃蟹，其实已经很辣了，但他们要吃泰国指天椒，说这才叫过瘾。

我自己一没胃口，便想吃辣，一个礼拜中间总有一两天去吃泰国菜或韩国菜。要是不得空去外面吃，便在香港九龙城街市买些本地或进口的指天椒回家调制。

最简单的一道是把黄瓜切成细片，加大量红葱头片、指天椒丝，放糖和盐揉之，添些芫荽，加醋即成。入口之后胃袋即刻清醒。

复杂一点的话，可买基围虾来白灼后剥肉，再把糖、大蒜、猪油渣和指天椒一起放进搅拌机中搅一两分钟，取出后挤一颗柠檬，鲜美中带了咸、甜、酸、苦、辣，味道错综复杂。

辣椒酱之中，吃云吞面用的广东辣酱一点也不辣，吃起来酸的成分居多，不如去喝白醋。

潮州面食用的辣椒油酱也只是死辣，味道太过简单。

XO辣酱已在东南亚大行其道，中国台湾在模仿之后更是出品了"御庭干贝酱"，我都嫌太华丽、不实在。

辣椒酱还是原始而朴素的最好吃，做法是将指天椒粉末加在酒糟和糯米饭中，磨成酱，即可上桌。这种做法连糖也不必加，酒糟本身就有甜味，略放一点盐就是了。辣椒酱做完之后不能放太久，即做即食最佳，香喷喷、热辣辣的，是下饭和下酒的好伴侣。

第三章

品味

什么都试试看 方懂欣赏

可否食素？还是未能食素

"妈妈，去吃些什么？"小时候的我问。

星期天，家里一般不开火，一家大小到餐厅吃顿好的。那天母亲回答："今天是你婆婆的忌辰，吃斋。"

"斋字怎么写？"

看到一个像"齐"的字，妈妈指着纸说："这就是斋了。"

桌上摆满的，是一片片的叉烧，也有一卷卷炸了出来的所谓素鹅，居然还用模型做出一只假得很不像样的鸡来。

吃进口，满嘴是油，也有些酸酸甜甜，所有味道都相似，口感亦然。一共有十道菜，吃到第三碟，胃已胀，再也吞不下去了。

"什么做的？"我问。

"多数是豆制品。"爸爸说。

"为什么要假装成肉，干脆吃肉吧！"这句话，说到今天。

我有一个批评餐厅的专栏，叫"未能食素"，写了 20 多年了。读者看了，问："什么意思？"

"还没有到达吃素的境界，表示我还有很多的欲望，并不是完全不吃斋的。"我回答。

"喜欢吗？"

"不喜欢。"我斩钉截铁。

到了这个阶段，可以吃到的肉，都试过了，从最差的汉堡包到最高级的三田牛肉。肉好吃吗？当然好吃，尤其是那块很肥的东坡肉。

蔬菜不好吃吗？当然也好吃，天冷时的菜心，那种甘甜，是文字形容不出的。为什么不吃斋呢？因为做得不好呀，做得好，我何必吃肉？

至今为止，好吃的斋菜有最初开张的"功德林"，他们把玉米须炸过，下点糖，撒上芝麻，是一道上等的佳肴，到现在还记得清清楚楚。当今，听人说大不如前。

在日本的庙里吃的蔬菜天妇罗^①，精美无比。有一家叫"一久"的，在京都大德寺前面，已有 500 多年历史，20 几代人一直传授下去，菜单上写着"二汁七菜"，有一饭，即白饭。一汁，味噌汤。一木皿，里面是青瓜和冬菇的醋渍。另一木皿中是豆腐、烤腐皮、红烧麸、小番薯、青椒。平椀^②中是菠菜和牛蒡。猪口^③（名字罢了，没有猪肉）中是芝麻豆腐。小吸物是葡萄汁汤。八寸^④中有炸豆腐、核桃佃煮、豆子、腌萝卜茄子、辣椒。汤桶中是清汤。

用的是一种叫朱椀的红漆器具，根据由中国传来的餐具制作。漆师名叫中村宗哲，是江户时代的名匠。用了 200 年，还是像新的一样，当然保养得极佳。

日本人把吃素叫精进料理，吃的是日常的蔬菜，山中有什么吃什么，当然用心去做，所以叫成精进料理。

各种日本菜馆已经开到通街都是，就是没有人去做精进料理。在中国香港或内地各大城市，如果开一家，一定是大有钱可赚，中国台湾人

---

① 在日式菜点中，用面糊炸的菜统称"天妇罗"。——编者注

② "碗"的异体字。——编者注

③ 猪口，喝日本酒时用的小杯子。在江户时代，用来盛放下酒菜的陶瓷器也被称为猪口。——编者注

④ 八寸，日本料理中指用来装盘的，长度为八寸的杉木托盘。——编者注

的斋菜馆就是走这一条路线，生意滔滔。

吃素我不反对，我反对的是单调，何必尽是什么豆腐之类呢？东京有一家叫"笹之雪"的，店名好有诗意，专门卖豆腐，叫一客贵的，竟

有十几二十道豆腐菜，我吃到第四五道，就要做噩梦，豆腐从耳朵里流出来。

何必只吃豆腐、腐皮、蒟蒻呢？一般的豆芽、芥蓝、包心菜、西红柿、薯仔等，多不胜数，花一点心思，找一些特别的，像海葡萄，一种海里的昆布，口感像鱼子酱，好吃得不得了，哎呀！这么一想，又是吃肉了。

各种菇类也吃个不完，一次到了云南，来个全菌宴，最后把所有的菇都倒进锅里吃火锅，虽然整锅汤甜得不能再甜，但也会吃厌。

我喜欢的蔬菜有春天的菜花，那种带甜又苦的味道令人百吃不厌，这些菜又很容易烫熟，弄个方便面，等汤滚了放一把菜花进去，焖一焖即熟，要是烫久了就味道尽失。只是中国香港的菜市场没有卖，我每到日本都会买一大堆回来。

还有苦瓜呢，苦瓜炒苦瓜这道菜，是把烫过的苦瓜片和不烫的苦瓜片，一起用滚油来炒，下点豆豉，已经是一道佳肴，如果蛋算是素的话，加上去炒更妙。

人到了老年，当什么吃的都尝过时，会觉得还是那碗白饭最好吃，我已经渐渐地往这条路去走了，但要求的米是五常米或日本的艳姬米，炊出来的白饭才好吃。这一来，欲望又深了，还说什么吃斋呢？还是未能食素！

不羡仙

曾梦到神仙下凡，对我说："我要吃特别一点的餐，由你去组织。"

钱不是问题，但也要有交情才可以做得到。在中国香港，鲍参肚翅已吃得生厌，一上桌又是什么四小碟八小碟，也没什么创意，但既然神仙吩咐，就试试看吧。

"你不会要吃西餐吧？"问神仙。

"我是中国人，当然吃中国菜了。"神仙说。

那好办，先召集各方人马。香港的名厨很方便地就过来了，又从内地各地，派架私人飞机一一邀请。

"怎么吃？"神仙问。

"自助餐形式吧，别按常理发牌。"

"开什么玩笑？"神仙笑骂。

"你来了就知道。"

将圆桌摆在一旁，上大菜时才坐到另一边。来自厦门的张淙明把润饼阵排好，共有浒苔、花生酥、加力鱼①碎、蛋丝、肉松、炸米粉、京葱丝、炸蒜蓉、银芽、螃蟹肉、鲜虾等数十种配料。

主馅是高丽菜②、红萝卜、冬笋、五花肉、豆干、蒜白、荷兰豆、虾仁、生蚝、大地鱼末、干葱酥，翻炒又翻炒，最后用张薄饼皮包了，开

---

① 即鲷鱼。——编者注

② 即椰菜。——编者注

一个口，把主馅的汤汁淋进去。

好吃到神仙要多吃几卷，我即刻叫停。

接着是上汤，来自香港流浮山的老板娘已将黄脚立、螳螂虾、九虾、一大堆杂鱼和一大堆海瓜子煲成海龙王汤，浓得只剩下一人一小碗，绝对不能过多。

神仙喝完汤点头赞许。

那边厢，来自佛山市顺德均安的师傅已把一大只猪去骨，只剩下一张皮，抹上香料，放进一个大的蒸炉里面，用很短的时间就把那么大的一只猪蒸好了，接着听到砰砰的声音，是师傅们把蒸猪斩件，一大碟捧了上来，神仙马上拿出他的手机来拍照片。

另一处，来自汕头的林自然把一只三斤半重的大野生响螺放在炭上，慢火烤之，火力先武后文，肉一干了马上淋上高汤煨之，分几次加入高汤，直到全部被螺肉吸收为止。这时螺肉收缩，脱离螺壳，林自然不怕烫手，取出肉来用利刀片之，以跳舞般的节奏，身体不停地摆动，才能片出又长又薄的螺肉来。

神仙吃完了，不去碰那又绿又黑的螺头，林自然看在眼里，忍不住说："那才是最美味的！"

"既然来了，请你顺道做你拿手的豆酱焗蟹吧！"我说。林自然点头，用个大砂煲，100粒大蒜铺底，选最肥美的膏蟹，一面焗一面下普宁豆酱。说得容易，但火候能控制得完美的也只有林自然一个人了。这道菜吃得神仙拼命吮手指。

来自上海的汪姐已准备好，见她捧出一大碗炖蛋来，神仙用汤匙一舀，才知道里面下的不是普通的蛤蜊，而是颗颗肥大的黄泥螺。

"怪不得乾隆要下江南。"神仙说。

"他还有一个原因。"

"是什么？"

"大闸蟹呀。"

"蟹王府"的老板柯伟已准备好秃黄油捞饭。秃黄油是把公蟹和母蟹的膏混合，再用猪油爆香的，神仙一连吃了两碗，又被我喝止。

"还有蟹黄豆腐要不要准备？"柯伟问。

"豆腐等做二十四桥明月夜再吃吧。"我说。

"啊，金庸小说的那一道菜？"神仙问。

"铺记"的蔡伟初师傅已把那么大的一只火腿捧出来，那是慢火蒸四小时才能蒸好的。皮一掀开，里面用电钻钻了 24 个洞，把圆形的豆腐一颗颗地填了进去，已蒸得颗颗入味，神仙一点也不客气，连吞 12 颗，之后还问我说："剩下的火腿呢？"

"弃之呀。"我说，"小说里也是那么写的。"

"蔡先生，汤已经做好了。"来自成都的喻波师傅说。

"什么，开水一碗就罢了？"神仙看完之后说。

"这道菜就叫开水白菜。"喻波解释。

一般的做法要用十千克的菜，两千克鸡和两千克鸭。先熬两锅汤，把一切材料放进一锅汤，慢煮四小时，再将鸡脯肉打成蓉，搅成豆浆状倒入汤中。这时会出现奇妙的状况，汤中杂质争先恐后地被肉蓉吸着，成一粒粒小球，捞起弃之，反复三四次，汤就变清澈了。另一锅汤的材料选白菜的心，用银针在菜心上反复穿刺，再用刚才的清汤来煨。"这是一般做法，我们当然自己还留一两手。"喻波笑着说。

这汤一喝，神仙也不能罢休，要求再来，我说换一煲吧，给他上了"天香楼"的云吞鸭煲，用一大砂锅煲一只老鸭，上面铺手腕般粗的火腿条，另有鲜笋和莼菜，再加高汤和用鲩鱼打的鱼丸，最后才加一两粒云吞进去。

"不行了，不行了，我不做神仙了，怪不得你们都说不羡慕我！"神仙大叫，捧着肚子跑回天上。

我一路追赶："还有甜品你没吃呢！"

镛楼甘馔录

说起广东菜，很多人只知有本特级校对陈梦因写的《食经》，内容丰富，有名的老式粤菜都收录其中，但很多食材都无处可买了。还有一本很实用的，可读性极高，是甘健成兄写的《镛楼甘馔录》。

今天忽然很怀念这位老友，又把书从架子上抽出来重读了一遍。此书由经济日报出版社出版，是集合了健成兄在该报的专栏作品而成。也不知道当年他老兄哪里来的雅兴，动起笔来，三言两语就记录了很多关于广东菜的知识。很后悔他在世时，没有好好鼓励他多写一些，不然依他的经历，应该可以出多本洋洋可观的饮食书。

翻开内页，上面用钢笔写着："蔡澜贤兄指正，健成 2006 年 5 月 25 日。"书名也是他自己的题字，用毛笔写的，可见他在书法上的功力。

书中当然提到了我们合作的"二十四桥明月夜"，以及把《袁枚食单》复活的"云雾肉"，这些我在《烧鹅大王》和纪念他的《悼甘健成兄》两篇文章中都详细写过，在这里也不赘述了。

　　健成兄非常孝顺, 其文中时常以"先严"二字提起他的父亲——"镛记"的创办人兼董事长甘穗辉先生, 更对"董事长宴"多加着墨。

（编者注: 图中的书指的是甘健成在香港出版的《鏞樓甘饌錄》, 即"镛楼甘馔录"。图中的"鏷"字疑有误。）

　　事情的经过是这样的：参加我旅行团的人多数在香港中环有办公室，也是镛记的常客，一般餸菜他们都尝过了，要求健成兄和我弄些新奇一点的菜，结果举办了"射雕宴"和"随园食单复古宴"，人们吃完之后无一不赞好，大叫"还要还要"，健成兄抓抓头，我想起他做给他父亲的"董事长腐乳"，向他建议，不如来席"董事长宴"吧，看看当年老先生吃些什么。

　　健成兄第二天就传来菜单，有"石涌烧鹅嬷[1]仔"，广东新会石涌是他父亲的故乡，以此命名之，制法是将香菇、云耳、江南正菜等酿入从未产过蛋的鹅腹内，以挂炉炭火烧烤，皮香、肉嫩、骨软，馅料只因吸收鹅之原汁精华，更加惹味。

　　"广皮大鸭汤"内有陈皮、老姜、稻草。陈皮为广东三宝之首，另选用老米鸭、香荽[2]，加入原盅炖上，汤味甘香调和，并有下气止咳、健胃消滞等功效。

　　"家乡炒金钱腱"，选每头牛只后腿有的两条小腱。此肉无须腌制，用刀横切片，配合陈菇、葱段，用明火生炒，成品爽脆肉鲜，凸显牛肉自然真味。

　　"花胶生扣鹅掌"采用巴基斯坦大花胶公，胶质软糯且口感好，滋润养颜。鹅掌则作生扣[3]，无须油炸，用慢火与花胶扣至嫩滑，皮爽口、不被胶质所封，最重火工。

---

① 嬷是粤语中对雌性动物的称呼，鹅嬷即母鹅。——编者注

② 香荽即香菜，也叫芫荽、胡荽。——编者注

③ 扣，有炖、煮的意思。——编者注

"云腿窝烧瓜皮"，以瓜皮入馔，除用柚皮，还可将去肉之西瓜皮去底去面，采二层皮。云腿抠边，成品晶莹，若田黄石章，味清香、口感软滑。

"红烧凉瓜鲳鱼"，有云"第一鲳，第二罔，第三马鲛郎"[①]。用大鹰鲳，肉鲜骨软，配合凉瓜、蒜头、豆豉同炆，味道甘鲜。

单尾[②]有柴鱼花生粥、豉油皇炒面、鱼露五花腩、董事长腐乳、怀旧白糖糕及马仔[③]等。

这几道都是甘穗辉老先生喜欢吃的，乍看平凡简单，但选料极为精致，花工夫方成。

这时快过年了，我又想起年夜饭了。每逢年三十，镛记全体员工只工作到下午三点，之后准备年夜饭，大家一起吃饭，甘穗辉老先生立下店规不得在店里聚赌，但年三十破例，让大家高兴。

吃的有九大簋[④]：（1）"一团和气"：红烧元蹄；（2）"嘻哈大笑"：干煎虾碌[⑤]；（3）"发财好市"：发菜蚝豉；（4）"红皮赤壮"：脆皮烧肉；（5）"满地金钱"：蚝油北菇；（6）"包罗万有"：红扒鲍片；（7）"和气生财"：生鱼菜汤；（8）"雄蹄显贵"：蚬蚧肥鸡；（9）"年年有余"：姜葱鲤鱼。

---

① 鲳指鲳鱼，罔指罔鱼，即军曹鱼、海鲡，马鲛郎指鲭鱼。这句话是一些沿海渔民对海鱼的鲜美程度的评价。——编者注

② 指点心主食。——编者注

③ 粤语方言中，也将萨其马称为"马仔"。——编者注

④ 簋是盛食物的容器。——编者注

⑤ 虾碌，粤语词汇，指切成一段段的柱状虾肉。——编者注

据称这顿饭已经取消，希望是谣言。员工们为镛记的整体骨干，与之打好关系方为上策。至于员工们在大鱼大肉时，甘穗辉先生吃些什么呢？健成兄说："他老人家饮食每喜清淡，明火白粥、腐乳均属至爱。腐乳由生前童年好友棠叔替他定期特制，采用优质黄豆，以石磨磨制，配以纯正酒自然发酵。此传统手法，成品黄亮细腻，咸淡适宜，入口融化，齿颊留香。此董事长腐乳有一特征，乃可用筷子夹着拉丝，为一般腐乳所无。"

至于镛记招牌的烧鹅，健成兄曾经告诉我："有时客人吃了嫌肉老，那是因为时节不适宜，你们潮州人用卤的方式，就可以改良，但广东烧鹅只烧皮而火不及肉，一定要在清明节及重阳节前后两个月内吃。这时的鹅，每头约重两千克，果真是皮香、肉嫩、骨软、肉汁浓。"

健成兄在镛记创作的还有多种佳馔，不能一一列出。印象最深的，也是我在店里常点的"礼云子""清汤牛腩"等还能吃到；秋冬腊味的"雷公凿"，将原样猪肝切成锥形，上阔下尖，在阔口处从上向下开孔，镶上用玫瑰露腌制的肥猪肉，现已难寻。

至于"二十四桥明月夜"和"云雾肉"，已成名菜，只要早订还能吃到。

"董事长宴"当今也难重现，老一辈的大师傅们也许会记得，可以煮出来，但没有健成兄的亲自监督，也已成绝响，各位只有从书中去怀念了。《镛楼甘馔录》是一本绝对值得一读再读的好书，希望经济日报出版社再版又再版。

分明功夫不到，却道花样不多

在杂志上看到一则广告，有一间潮州菜馆新开张，说潮州菜除了卤水鹅和川椒鸡，花样不多，所以加了粤菜菜谱。我看了笑坏肚皮，这也太看轻潮州菜了。

其实这两样菜，在传统的潮州宴会上，是不够资格上桌的，只能当作街边小吃或家庭主妇的日常料理，潮州菜的花样，真如他们说的不多吗？

单单说翅，也有红烧、火腿煲、菜胆炖、干捞、蟹肉炒等做法。说到响螺，有明炉烧、即席灼、竹梅蒸、汁焗、油泡、西芹炒、红焖、椒盐炖、清汤灼等做法。

说到蟹，除了冻蟹，有酱油生腌、豆酱蒸、绍酒蒸、咸蛋焗、油炸、糯米蒸、肉蟹煲、炸酥蟹盒、蒜焗、梅汁蒸等，做法数之不清。

鱼的做法更是变化多端：冻鱼饭、冬菜蒸、酱姜蒸、荷叶蒸、银杏焖、红焖、冬虫炖、橙汁焗、菜汁焗、酸梅蒸、菜脯焖、椒盐炸、黄豆煮、白灼、红烧、咸菜蒸、南乳炒、蒜子焖、粉丝蒸、荔蓉炸、芝麻拌、天麻炖、香煎、甜酸。还有其他菜少见的双重做法，叫半煎煮，问你服未①？

至于汤，有护国羹，还有最普通但又最开胃的酸梅煮肉臊。

潮州小食，有蚝仔粥、鱿鱼肉碎粥，饭则有香芋煲仔、榄仁萝卜、

---

① 粤语方言，意思是问你服了没有。——编者注

荷兰薯焗、鸡粒菠萝等。面当然有最著名的双面黄，咸吃甜吃皆佳，更有将鱼片切成长条的鱼面。

甜品的芋泥，做法就有数十种，还有潮州人喜欢吃的姜薯泥。上述这些，不足潮州菜的百分之一。

这些菜，不必到处找，到香港九龙城的"创发"，就可以吃来参考。"创发"墙壁上写的菜名有上百种，水平不能做到一样，但至少有个形态呀，怎能说潮州菜花样不多？

功夫不到家，做厨师的人一生都没有吃过，就说变化不大了，等着他们的店执笠①。

古方中有无穷宝藏

我一向反对吃山珍野味，原因是材料难得，处理的经验不够。绝对并非扮清高，只觉得煮来煮去，都是那几样菜，也不显得特别好吃。

猪牛羊鸡就不同了，人们每天尝试，用千变万化的烹调法把最普通的东西升华为美食，这才是饮食文化。

可惜一般的师傅连基础都没打好，又不四处试食，做的永远是那些

---

① 执笠，在粤语方言中多用于表示商铺破产、倒闭。——编者注

毫无创意的菜式。生意不好，经老板大骂之后，拼命搞出新花样，以为材料只要贵就好吃，所以出现了炸子鸡炒蟹粉之类的菜，这两种食材根本就不能配合，也不管三七二十一了。

要创新的话，方法有大把，从许多古文献中就能发掘一些失传的食谱，加以尝试和练习，不可能做不出来。老话说了一遍又一遍：烧菜到底不是什么高科技嘛。

像最普遍的猪肉，古方中有所谓的"荔枝肉"，方法如下：将猪肉切如大骨牌片，白水煮二三十个，捞起。热菜油半斤，将肉放入，泡透，捞起。以冷水凝之，肉皱捞起。入锅，用酒半斤、酱油一小杯、水半斤煮烂。

又有"芙蓉肉"，将瘦猪肉切片，浸于酱油，风干两小时；取大虾肉40个、猪油二两。将虾肉切如骰子大，置于猪肉上，一只虾一块肉，敲扁，滚水煮熟，捞起。热菜油半斤，置肉片于有眼铜勺中，让滚油灌熟。再用酱油半小杯、鸡汤一大杯，滚热，浇肉片；加蒸粉、葱、花椒，撒之，起锅。

单单看文字，就知道会特别好吃。尽管过程复杂了一点儿，但并非做不到，所有佐料也可随手拈来。我把这两张古方拿去和"镛记"的甘健成老板研究，重现出来给大家吃。

古籍之中有无穷的宝藏，尽管去挖好了，别老是不中不洋地搞什么跨界料理或融合菜了，总会生出一只畸形的怪物来。

庐山烟雨浙江潮

每次上餐馆，看到厨师把珍贵食材乱加，我就反感。

鱼子酱、鹅肝和黑白松露，已变为西餐三宝，去到什么高级餐厅，如果没有这三样东西，好像生意就做不下去了，点了拿出来的也只是些品质差的，像鱼子酱都是咸死人的，一点其他味道也没有。鹅肝也不肥美，有时还拿鸭肝来冒充。客人吃不出来，只要有什么米其林星，就大声叫好。黑白松露不合时宜，香气尽失时也够胆拿来上桌，还有一些添了一点点意大利公司做的松露酱，就要卖高价。

讨厌的土豪大厨更是俗气，把一大块匈牙利产的次等鹅肝硬塞在烤乳猪肉下面，大家一试都拍烂手掌，结果太过油腻，每个人回家都拉肚子。

有一段时间，西厨将日本食材捧上天去，或大声或小声地尖叫"这是 Umami！"。这个日语词原来的意思是"鲜"，日本人不知如何描述"鲜"，用了 Umami 代替，西厨学到这个发音，甚以为妙，开口闭口都是 Umami。

忽然，西厨又学到了一个新词，叫 Uze。这个字从柚子得来，日本的柚子与中国的不同，是小若青柠的东西，从前放一小块在土瓶蒸① 里面加味，当今已变成了某种"神仙调味品"，不但加进酱油、辣酱，连冰激凌中也加了，像是一道魔法。

---

① 土瓶蒸是一种日式料理，是以陶壶为容器蒸煮出的汤。——编者注

都是米其林害的，一些打分的人根本不懂得日本菜的奥妙，近来有些日本大厨会讲几句英文，说明了给他们一听，就拼命加星了。

我们更是可怜，学西餐在碟上用酱汁画画，就称为什么意境菜、精致菜，我一看便要倒胃口，那是经过多少只手才能完成的！

近年来我愈来愈讨厌巴黎的法国菜，要吃三四小时，等了又等，肚子一饿就啃面包，菜上桌已饱。法国的乡下菜一大锅一大锅地煮出来还能吃上，巴黎的不管是米其林几星，请我去吃我也不肯。

还是意大利菜随和，我可以吃上一两个礼拜不想尝中餐。法国菜吃了一餐，我就要即刻躲进三流越南菜馆里吃一碗牛肉河粉了。

读《纽约时报》，美国旧金山出现了一个叫多米尼克·克里恩（Dominique Crenn）的女士，被誉为世界上最佳女厨师。问我有兴趣去试一试吗？有的，如果我人在旧金山的话，但不会专程去吃一餐的。

全球名厨太多了，何止她一个？我都去吗？免了，从前也许有这种兴致，当今吃来吃去，用手指去压压才知煎鱼煎得熟不熟的西餐太多了，真的不想吃了，吃过中国香港的蒸鱼，就足够了。

吃牛肉吗？西方的牛再好，也好不过日本和牛软熟。"但是和牛没什么牛味，还是美国的好。"美国人说。那么你去吃吧，我去吃日本的，还要选三田牛才吃，不然那么大一块牛肉，那么单调可受不了。

螃蟹呢？吃过了福井的越前蟹，日本的其他螃蟹都不必吃了。韩国的酱油蟹，把白饭混进蟹盖中，和肥美的蟹膏一起吃，也让人流口水。不然吃中国的醉蟹，也满足矣。

我是什么都吃过，没有东西可以引起我的兴趣了吗？也不是，世界之大，人三世都吃不完。某些特有的食材和做法，还是很吸引我的。

举个例子说，在中国福州的漳港出产的一种漳港蚌，主要生长在闽江和东海交界（在意大利威尼斯也有生产）。用老母鸡加猪骨熬汤，然后把蚌肉拉出，顺着蚌肚片一刀，洗净，放入大碗中，然后用高汤将蚌肉烫熟就行，这是我有兴趣去吃的。

另一种是我年轻时去意大利旅游，经过在《粒粒皆辛苦》一片中出现的意大利产米地区，把米塞入鲤鱼肚中炊熟的饭，很多意大利人听都没听过，是我想再吃的。我去意大利，会特别到这个地区去，再吃一次。

说起白米饭，我是吃不腻的，老了愈来愈注重白米饭质量。如果吃日本米，就要吃新米，陈米香味尽失。中国的五常米并不输给日本米，煮起粥来黏黏稠稠的，香得不得了。

有些米的质量并不好，但做法特别，像越南岘港人，把米放进一个二十世纪梨①般大的陶钵里面，烧熟后把陶钵打碎，取出四面都是香喷喷的饭焦来。喜欢饭焦的人吃了一定大叫过瘾。可惜做陶器的人少了，听说这种手艺快要失传了。另外，福州人把白米放进一个草袋中，挂在锅边炊出来，也好吃。

海胆也被西厨捧上了天，什么星级厨师的前菜都少不了海胆。加拿大人说："我们的海胆又肥又大。"对的，是肥、是大，但一点香味和甜味都没有。过去，要吃海胆，我会推荐到日本北海道去吃。那里产的海胆名字难听，叫马粪海胆，其实最为甜美，当今已快被吃得绝种。

像苏东坡的诗"庐山烟雨浙江潮，未到千般恨不消；及至到来无一事，庐山烟雨浙江潮"。"恨不消"这三个字我已不再有兴趣，可以吃到什么就吃什么，是我当今的心态，真的没有什么大不了的。

---

① "二十世纪梨"是一个梨的品种，原产于日本，个头较大。——编者注

零食大王的零食分享

家中零食之多，可让我自称零食大王。

自从戒烟后，为了分散注意力，零食更是愈储愈多。看电视的太师椅旁，有无数个玻璃瓶，各自藏着各种零食。家人见零散，把友人送礼的果篮拿来装，一篮又一篮，包围着椅子，最少有十几篮。

我一想起抽烟，即去掏糖果，什么太妃糖、乳油糖和优格。我最爱吃的是能够唤起儿时记忆的椰子糖，但不喜欢太硬的，还是软的好，又不能太软，太软的会黏牙。那种一咬即烂的最好，放进口中细嚼，外层即刻咬烂，大口大口地吃，吃完一颗又一颗。一包椰子糖数十颗，一下子吃光，满口椰子味，美妙极了。

精致起来，有法国人做的 Les Rigolettes Nantaises 和意大利人做的 Pastiglie Leone，装进细小的铁盒里，像首饰一样大小，一粒粒地吃，非常过瘾。

我最不喜欢的是瑞士糖，怎么咬都咬不完，一粒要吃甚久，而且并不美味。近年参加的丧礼渐多，每次交上帛金，主人家便包一粒瑞士糖回礼，导致我一吃到瑞士糖就想起死人。本想着可以丢弃，但有人说，不行不行，回礼的那一块铜钱一定要用掉，糖也得吃掉才行，迷信的人都这么劝说，照办吧。

我离不开的有嘉应子，这种传统的零食百吃不厌，每次到"么凤"零食专门店，都会买两斤，每斤 60 元，共 120 元，我一下子都吃完。

"么凤"的买手跑出来自己开店，店名也叫"么凤"，结果给本来的店主告上法庭去，买手就在么字上面加了一笔，名为"公凤"，两家人的货还是相似的，嘉应子也是一样的价钱。

"么凤"我光顾了多年，它是第一家把一粒话梅卖到十港元的，我去买些来吃，觉得还不错，写成文章。黄永玉先生的千金买来试，觉得难吃到极点，一直骂我，骂到现在还是不肯停止。

老派零食店的东西都装在玻璃瓶中，新派的就独立包装了，客人一看，觉得比较卫生，生意滔滔。当今新派的开了多家，以日本零食招揽客人。

日本零食的种类也多，我爱吃的是他们的江珧柱，独立包装，可能是下了大量味精，吃不停口。江珧柱的售价较贵，后来又出了什么日月贝之类的便宜干货，下了味精后味道相近，但还是太硬，我咬不动。

日本人用山葵来做零食，起初吃还觉得新奇，像用面粉包了豆子，炸后涂上山葵的，很受欢迎；后来吃多了也觉得没趣，不如吃巧克力。最初吃英国货，后来也吃大量美国生产的巧克力，愈吃愈高级，从吉百利（Cadbury）、瑞士三角牌巧克力（Toblerone）、玛氏（Mars）、费列罗（Ferrero Rocher）、歌帝梵（Godiva）、德拉菲（Delafee）、Aficionado、米歇尔·柯兹（Michel Cluizel）到阿兰·杜卡斯（Alain Ducasse）的 Le Chocolat。吃来吃去，还是日本巧克力店 Le Chocolat de H 里的最好吃。

甜的零食吃得太多容易患糖尿病，还是来些咸的中和一下，我有潮州做的猪头粽、上海人的蒸鸭肾，最爱吃的是香港"陈意斋"卖的扎蹄。所谓扎蹄，是一种腐皮卷，有素的，味太淡了，还是买裹虾子的够味，切成薄片，下酒或充饥皆宜，吃了一次，就上瘾了。

不加糖的零食还有各种芝士，花样太多了，相信大家都有各自喜欢的，也不一定要买最贵的，普通价钱的法国芝士，做成一小方块一小方块的，像骰子般的"笑着的母牛"（The Laughing Cow），已经是上乘的零食；有各种不同的口味，像炸肥猪味的、草莓味的，都很好吃。

有时，切一个皮蛋，配几片生姜来起变化也好。做皮蛋不是靠技巧，而是吃日子，做好了在28天以内吃的就是最佳，否则蛋黄变硬，或者蛋白还是黄颜色的。只要跑去"镛记"买，当天买当天吃，一定是溏心的。

最佳零食的名单上还有鸭舌头，要卤得好不容易，中国台湾的"老天禄"当然闻名，要吃戏院旁边那家小店做的才美味。但是，台湾鸭舌头绝对比不上杭州的，不过杭州的也不是家家都行，我吃遍了杭州名餐厅，觉得还不如香港的"天香楼"做得好。

愈吃愈刁钻时，可以来一点鱼子酱当零食，当然要伊朗的，其他地区的咸死人，送你也别吃，不然会留下不良印象。从鱼肚中挖出的鱼子，即刻用盐腌，才能做到既不咸又美味，现在天下也只有几个人会做了。

鱼子酱难得，退而求其次，吃中国台湾的乌鱼子当零食也好，不过中国台湾人还是向日本人学的。日本乌鱼子，样子像中国人的墨，故称为"唐墨"（Karasumi），是日本三大珍味之一。其他两大珍味分别是腌制过的海胆，叫"云丹渍"（Unizuki）；以及海参的肠，叫"拨子"（Bachiko），烤了吃，是零食的最高境界之一。

当然是偶尔食之，才觉得美味，天天吃的话，还是嘉应子、腐皮卷好。

零食的最大好处是，吃多了，肚子饱，正餐吃不下。这也好，正餐吃少一点儿，就不必去减肥，道理和广东人先喝汤再吃饭菜相同，不必吃到过饱。这一点很多北方人不懂，吃饱了才喝汤，一下子就撑住了，太不会养生了。

人若消极，不如今后只吃半饱

好吃的东西写得太多了，来写点不好吃的吧。但当你肚子饿的时候，天下哪有不好吃的东西？

已到截稿日期，非写不可，我马上跑进厨房，从冰箱中找出昨天买北京烤鸭时吃剩的鸭架，斩了件，整棵大白菜放入锅中滚汤。再来六分肥四分瘦的碎肉，将马蹄切粒，加入天津冬菜，其他调味品不用，包了些馄饨，在鸭汤中煮熟了，吃了一个大饱，就可以开始写稿了。

鸭肉还是可口的，但鸡肉已经被养殖得没有味道了，我最不喜欢吃鸡肉了，其他肉类——猪、牛和羊，都有个性，只是鸡没有，最乏味了。尤其是白切鸡，要吃的话，我总得蘸浓稠的海南人的酱油。不然用玫瑰露和糖做个豉油鸡。熬汤也嫌不够甜，除非是用放养于田野的老母鸡。

鱼也是，野生的愈来愈少，尽是一大堆养殖的。菜市场中的黄鱼，买回来一洗，竟然洗出黄水来，从前多到把黄浦江染得一片金黄的鱼群，当今被吃得几乎绝种，很难得地高价买到一尾野生的，回来加姜丝和醋滚个大汤黄鱼，那才吃得过呀。

湖中的大闸蟹，正合时节，但已愈养愈无味，吃完了用水一冲，手上一点味都不留，从前三天也洗不去味道的日子，不再有了。一条街上每家每档都卖大闸蟹，对我来说一点吸引力也没有。大闸蟹，现在已被我列入难吃的东西之中，不再去碰。

最恐怖的是那些大量养殖的虾，冷冻到虾身半透明。我肚子饿时点了一碟炒饭，看到饭里的半透明虾，一尾尾地捡了出来，这种比发泡胶

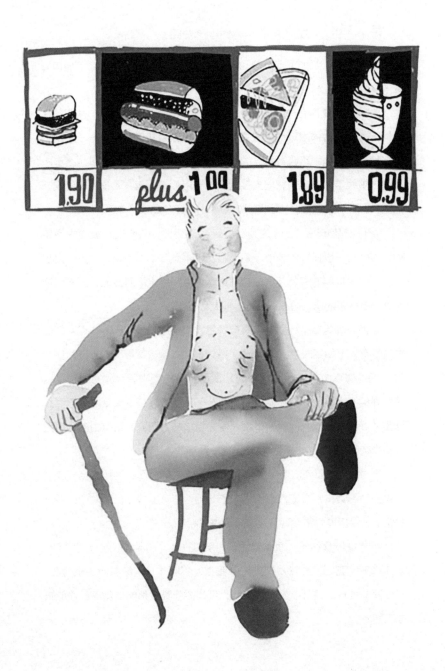

更乏味的东西，怎能下咽？曾几何时，那些肉有弹力，一嚼之下满口甜味的鲜虾，已经消失。

连猪肉也变得有一股臭味了，为什么？一问之下才知道，从前是在本地饲养，或者从附近地区运来的猪，已经改为从更远的地方一卡车一卡车地载来，途中猪乱吞各自的排泄物，又受惊慌而产生异味，令猪肉也吃不下去了。要说到超市去买欧洲的黑毛猪吧，西方人也为了健康而把肥肉养得愈来愈瘦。猪不肥，哪里好吃？还是免了，免了。

要说吃蔬菜吧，当今的芫荽已经基因变种，从前还是被称为香菜的，当今有一股怪异的味道。是臭吗？也不是，不香不臭，一点个性也没有。怀念从前的鲩鱼芫荽汤，把鲩鱼切片，等水滚后放入，再下大量芫荽，煮出来的汤是碧绿的，那才叫芫荽汤呀。

连西红柿也变种，样子愈来愈好看，个头愈来愈大，但一点西红柿味也没有，不如买瓶亨氏（Heinz）西红柿酱，什么菜都乱淋一番吧。

真是搞不清楚为什么当今的儿童那么爱吃麦当劳，因为有玩具送吧？那种流水作业的产品，只能填饱肚子，或者只是下大量的亨氏西红柿酱才好吃吧？我一向爱新事物，爱尝新口味，潮流是跟得上的，但因为麦当劳而造成代沟，那么我与你是有代沟的。

要说来片披萨吧，那是最不健康、最难吃的东西，为什么当今变成世界流通的美食？有些人说当中下了芝士，能吃出香味，那为什么不干脆吃芝士，而要附带地吞下这些垃圾饼皮呢？

所有垃圾食物，一油炸就香了，所以产生了肯德基。要吃油炸的，为什么不吃天妇罗？日本的天妇罗概念，不叫炸，叫把东西由生变熟。天妇罗的食材，是可以生吃的才行，鱼虾的新鲜度都能当刺身，才能做成天妇罗。

年轻人对油炸的东西总是抗拒不了，吃不起天妇罗，就吃油条去吧，别把冷冻得无味的食材炸了就算，将厚厚的浆炸成厚厚的皮。要吃皮不如吃油条，至少松软。

好食材消失后，只能转化其原形，因此，产生了所谓的分子料理，吃什么不像什么，靠样子和颜色来欺骗你的味觉。骗人骗得多，自己也惭愧，所以发明分子料理的人不再做了，留给那些三流、四流的厨子去继续骗人。

还有一种料理，那就是画碟子了，用各种颜色的酱料在一只大碟子上画了又画，仿佛这就是高级法国餐了。各种味道的食材一小样一小样地摆放，好像如果没有一把小钳子把这些小东西夹起来再放上去的话，就不会做菜了。这就是一些所谓的米其林三星菜，花了那么多钱，不好吃也得说好吃，一直在骗别人，也一直在骗自己。

什么时候，我们可以返璞归真呢？太迟了！海洋被污染，大地被化肥危害，想好好地吃一碗好米饭的机会也没有了。

只能愈吃愈少，一碗饭，几片面包，淋上最好的酱油，还是能饱腹的。呀！今天怎么那么消极？写的尽是这些令人绝望的文字？都是因为刚才已经吃得饱饱的，人一饱，就消极了，今后只吃个半饱吧！

盒饭是繁忙生活里家的关照

盒饭应该是日本人创始的玩意儿，他们叫作"弁当"。

"弁当"在中国台湾甚流行，称为"便当"，方便嘛，合理。当年在台湾拍戏，我最喜欢吃的是排骨便当，白饭上面铺了一片厚厚的炸肉排，但好吃的并不在这块肉，而是附带的咸酸菜，用红辣椒和豆豉爆香，有时加几尾小鱼干，非常惹味，单单有这种配料，已能把整盒饭吞下。

中国香港人的盒饭则以叉烧和白切鸡为主，白饭上铺着一片叉烧，斩成几件；白切鸡也同样斩件烹调，淋上些卤汁，就那么解决一顿。盒饭的好坏当然也有天壤之别，叉烧和鸡肉太老或太瘦的例子居多，干瘪瘪的，难以下咽。但好吃起来，叉烧是半肥瘦的，柔软至极。加上白切鸡的佐料油浸葱姜蓉，真是百食不厌。

但是我们从来不讲究容器，既然是盒饭，那么"盒"与"饭"，都是最重要的因素，我们都忽略了。中国台湾从前用个圆形的铁盒子，吃完，小贩收集，洗过之后再用，想起来还蛮有风味。当今又说不卫生，又求方便，中国香港和台湾都清一色地用白色的发泡胶盒子，一看就倒胃。

日本人的弁当盒就精美得多，有些是用漆器制成的，也有藤织的，连最普通的也是用洁白的薄木制成，用完弃之。这种原始的薄木有股香味，特别能引起食欲。

最好吃的日本弁当是"驿弁"，在各个车站停车时，站台有个老人扛着几十个弁当出售。每一个车站卖的都是以当地盛产的山珍海味当材料，买一个弁当还奉送一个陶制茶壶，盖子当茶缸，倾着喝，一路看美不胜收的枫叶或樱花，是很高的意境。

当今的日本弁当也都是用塑料盒了，驿弁改用塑料茶壶，后来连茶水也不供应，反正有罐头茶嘛。办公室的附近一定有家人卖弁当。到中午时分，街上就可以看到白领手中都有弁当，拿回写字楼吃，或者在公园找一个角落，猛吞那种冷冰冰又很难吃的东西。

日本弁当虽然不好吃，但总是好看的。弁当吃久了就会产生一种文化，在颜色方面的配搭，日本人是一流的。他们研究出，如果在视觉上饭盒中有红、黄、绿三种颜色，最能引起食欲。

通常蛋食为黄，蔬菜为绿，而西红柿为红。根据这个原则，把食物的颜色归类，就能引起变化，做出许多不同菜色的弁当来。

某些弁当是专攻小孩子市场的。从前只在白饭上加一粒染了红色的酸梅，像日本旗，称之为"日之出"弁当。当今的小孩弁当用紫菜剪了花纹，贴在白色的饭团上，变成一个个小足球，或者用模子印出一只小熊猫等，做成了又好玩又能引诱孩子吃饭的商品。

某些弁当是专攻女士市场的，多用蔬菜、鱼类或鸡胸肉做菜，算好加起来是多少多少卡路里，让女士控制体重；一方面又因材料费价钱低，卖得便宜一点，得到女士欢心。

某些弁当是专攻大胃王市场的，材料中拼命加甜加咸，饭的分量能有多少是多少，让大家吃饱为止，好不好吃已经不是很重要。

盒饭最重要的是盒与饭，为什么在白饭上不下功夫？

日本人的弁当不管菜多难吃，用的米看起来肥肥胖胖的、一粒粒发光。当然，日本米在外国卖起来贵，但是一盒饭，能贵多少？羊毛出在羊身上，多几个钱顾客是花得起的，所以做饭一定得用好米。

　　节省成本的话，至少得用日本米在美国种的"锦"牌或"楼"牌炊之。吃不惯日本米黏性的，则可用南昆山的丝苗或者珠江三角洲的小笼黏米。总之米不佳，别谈什么盒饭了。

　　盒子则用薄木盒才洁净卫生，日本产的木盒贵，在中国买好了，当今日本人用的也大多是在中国制造的。若不用木盒，可以壳盒代之。汕头有一家大工厂把米壳磨成粉，加水之后搓成软块，放进铁模压出精美的盒子，价钱便宜又环保，何乐不为？

　　天天用的饭盒当然愈精美愈好，我买过一个用竹筒雕出来的，分几格，当成古董也行。也很怀念小时候见过的搪瓷饭盒，一层层的彩色花纹的铁盒叠着，用个铁架子串起来。

　　紧忙的都市人已经没有那种雅兴带那么大的饭盒上班，去日本时在东急手创（Tokyu Hands）百货公司买个回来好了，那里卖的大大小小、各种形状的有不下数百种选择，一定有个你喜欢的。广东人的母亲或妻子照顾家人的时候总是煲汤，这习惯已逐渐消失，而做盒饭的时代来到，至少做个像样的，让丈夫或孩子带去吧。

挨饿怎么办？叫外卖呀

　　有段时间，我经常要在中国的各大都市旅行，有时是为公务，但多数是有人请客，东西他们认为要多好吃就有多好吃，但一天下来，已经身心疲倦，还要与一群陌生人共餐，做无谓的交谈，想起来就觉得可怕。

　　那么去自己喜欢的食肆吃个饱吧，这个念头的确是闪过。可是，第一，当你已经疲倦时，等菜上桌是一件很恐怖的事；第二，还要花时间在路上，尤其是交通堵塞随时随地发生；第三，也是最致命的，就是不知道对食物会不会失望。

　　算了，算了，饿死算了。这么想，当然是开玩笑，人生最大的痛苦，莫过于挨饿。

　　有什么解决办法？有呀，叫外卖呀。

　　叫什么好？这么一问，得到的答案当然是麦当劳了。这个快餐品牌几乎出现在任何都市里面，要逃避它的广告，现在已是不可能的。

　　我可以很骄傲地告诉大家，我这一生没有吃过麦当劳。

　　"没有吃过怎么知道好不好吃？你不是说过所有的食物，要试过才有资格评价它的好坏吗？"友人批评说。

　　对，对，说得一点也不错。我不走进麦当劳，不是因为东西好坏，而是我不能接受美国人对食物的这个观念！快餐，我不反对，我用铁锅热炒出来的菜，一分钟也不需要，要多快有多快。

　　我不赞同的是死板的流水作业。煎一个鸡蛋罢了，怎么可以用个铁圈圈住，把鸡蛋打进去，计算标准时间完成，做出几百万、几亿个完全相同的煎蛋来？

　　食物要经过母亲的手，或者一个固执的大厨的手，才是食物呀，但这么想，始终不切实际。人一生漂泊，怎么可能每一餐都得到享受？吃不到的话，宁愿挨饿，但也有变通的方法，如下：

　　到达酒店，虽然知道酒店餐厅很少有美食，但还是会拖着疲倦的身体去点来吃。大多数情况下，是叫酒店的室内服务，看了餐牌之后再大点特点。肚子一饿，就能把餐单上所有的东西完全叫齐。

结果，又是剩下一大堆。

有什么方法更好？当今送外卖的服务，效率异常之高，我们可以在手机的 App 上看到周围的餐厅有什么菜，一样样地叫。在洗澡的时候，同事们就会去食肆拿回来，或请服务员送到，这样一来种类可丰富了，要什么有什么，最简单的，也有一个上海粗炒。

当今，连火锅也可送外卖，餐厅会把食材切好，再一纸碟一纸碟地铺好，用玻璃纸封住，然后送个即用即弃的火水炉①来，铝质极薄的锅子派上了用场，加上一大堆蔬菜或粉丝、细面类，吃个不亦乐乎。

如果时间充裕，我们会先在便利店停下，走进去什么都有，最后买了各式各样的方便面、几罐啤酒、肉类罐头，或者花生等。

去到有老友的城市最幸福了，在入住上海的花园酒店之前，已打电话给"南伶酒家"的陈王强老板，买炝虾、油泡虾、马兰头、烤麸等小菜，再来红烧蹄髈、生煸草头、腌笃鲜……在酒店里开个大餐，就是可惜不能把蛤蜊炖蛋也打包回来。

当今，鳗鱼饭流行起来，中国各地都有专门店，将鳗鱼饭装进精美的盒子，还有一碗鳗鱼肠清汤。外卖送来的当然是不正宗、不好吃的鳗鱼饭，但是有甜酱汁淋在饭上，也可以刨几口。

在意大利旅行当然吃不到中国菜，不过走进当地的肉店，什么火腿、香肠、芝士、肉酱也都齐全，一切外卖都是完美的。我这个人不在乎吃冷食物，很吃得惯，这也是上苍赐给我的口福。

日本人是外卖高手，他们的便当是我的家常便饭，最低档的是几个

---

① 火水炉是粤语方言的叫法，即煤油炉。——编者注

饭团，有鲑鱼的或明太鱼子的，有时只有一粒酸梅，但另有泡菜来送，也能解决。

最奢华的外卖是在新潟吃的，我不想到外面吃，和好友刘先生两人各叫了一个便当，送到了房间一看，好家伙，是个用精美的绢花布包着的大盒子，打开了里面有三层的透明胶格子，放着各种刺身、烤鱼、日式东坡肉、烧牛肉等，当然有白饭、面酱汤和泡菜，这么多不吃剩才怪。

回到日常生活，酒店的室内服务，品质有点保证的是"亚洲选择"，综合了大家都吃得惯的菜式，最典型的有云吞汤、海南鸡饭、叻沙①、印度尼西亚炒饭等，比什么西方三明治都可靠，虽然有时也遇到难以下咽的，不过如果你叫一碟咖喱饭，总可以保证吃得下。

咖喱饭分牛肉、鸡肉和海鲜的，千万别叫鸡肉的，冷冻得一点味道也没有；海鲜的也是，虾已冻得半透明。牛肉的最妥当，怎么煮都好吃，运气再坏，也不过是老得咬不动的，但最差也有咖喱汁，这是外卖的经典食物，别错过。

外卖总令我想起当年拍电影时的情景，蹲在野外吃盒饭挨着，但有得开工，不会失业，还是有幸福感的。

---

① 叻沙又称喇沙，是一道起源于马来西亚的面食。——编者注

好吃就多吃几口，不喜欢便不去碰

随着年龄的增长，饮食习惯不断地改变，由从前的大吃大喝，变成当今的浅尝而已。

可以说是挑剔吗？也不尽然，好吃的多吃几口，不喜欢的完全不去碰，不算是选精择肥，吃多吃少罢了。

最怕的是被请客时，桌上出现的鲍参肚翅，我一看到就想跑开。不管做得多精美，总之引不起我的食欲，见到蒸出来的一条石斑之类的海鱼，我最想吃的是碟底的鱼汁，将它淋在白饭上，美味至极。

从前一点饭也不吃的我，只顾喝酒，当今却深爱那碗香喷喷的白饭。就算摆着山珍海味，我也要求来一碗白饭，这个转变最大。

怪不得国内人士说年纪大了都会变成"主食控"，主食指米饭类或面食类，而"控"就是发狂的意思，成为面痴、饭痴。

这是怎么造成的？在外旅行的时间多，晚宴不吃饱的话，半夜三更饿起来不是好玩的事，叫酒店服务会很烦，不但饭菜不好吃，而且要等老半天才送上来，扒一两口就放下，浪费得很。

所以被请客时不管多饱，我都会把桌上吃剩的菜打包起来，或者请侍者另加一两个馒头，如果不饿就不去碰，反正来个保险也好。

在一些地方旅行时不这么做是不行的。第一道菜上的总是鲑鱼刺身，啊，怎么吃得进肚？菜不断地上，杯盘重叠，也多数没有一样令我想举筷去夹。面是我这个面痴最爱吃的，上次去福建做活动时，我就早一点去外头叫了个面吃，如果不出街，就在酒店餐厅来一客炒面填肚，反正应酬饭是吃不下的。虽然有各式各样的海鲜，但蒸一尾鱼，怎么也蒸不过香港的。

　　到了外国，日本的旅馆大餐虽佳，什么都有，但我也只会择几样尝尝。东西实在太丰富了，但我总等不及，请侍女来一碗白饭、一碟泡菜、一碗面酱汤，饿了还可以任添，吃不会吃不饱的。

　　去了法国就会有点麻烦，一餐总要吃上两三个小时。并不是每一道菜都是自己喜欢的，试一试就放下刀叉。等菜上桌时，面包热腾腾的，好的餐厅一定自己烘面包，都颇有水平，加上那上等的牛油，正餐还未开始就已经填满肚子，我吃法国菜时一向是不必打包回房间的。

　　意大利餐最随和，总之有各种美味的意粉可以填肚。他们的火腿也出色，其实意粉和火腿已经可以解决一切，不然来碟意大利云吞，他们的云吞包得很小、很小，每粒都是迷你形的，好吃得很。加上饭前已灌了几杯猛烈的果渣白兰地（Grappa），吃什么都轻飘飘的，快乐得很。

　　印度菜一点也不简单，别以为全是咖喱，花样可真多，但也不全是合口味的，试了一下就算了。最好的是那钵羊肉焗饭，做得可真精彩，用一个银制的餐器装着，上面用一层面包皮密封，打开之后香气扑鼻，淋上一点咖喱汁，就能解决一餐。

　　当今，能令我忘记白饭的，也只有韩国菜，一开始就是十几二十种免费小菜，总有几道可以浅尝的，来一杯土炮马格利，更能打开胃口。接着是生牛肉，韩国人用雪梨、大蒜和芝麻油及蜜糖拌着，不知比洋人的鞑靼好吃出多少倍，另有酱汁蒸鱼、牛筋牛腩炖汤，好吃的东西数之不尽，以为韩国只有泡菜和烤肉的人见识短了。

　　吃韩国菜时，唯一能引我吃一口白饭的，是酱油螃蟹。上桌时，望着那蟹壳里面金黄的膏，忍不住要舀一勺白饭放进去捞，那种美味，令我觉得吃韩国菜最满足，而且百食不厌。

　　回到中国香港，我在脚伤时，住了两个星期的医院。餐厅里的煲仔饭是著名的，友人来探望我，目的也是那煲咸鱼肉饼带饭焦的佳肴。

有时请人去"生记"的阿芬那里煮一大碗粥来吃，加鱼卜、生鱼片、肉丸、猪肝、猪心，那不是一碗粥，是一场盛宴。

当然各类的点心食之不尽，"陆羽茶室"的猪膶烧卖、虾饺和粉果、炸酱捞面、白肺汤和咕噜肉等，再无食欲，看到了都会吞个干干净净，再加上四两炸云腿，口水流个不停。

"鹿鸣春"的炸双冬（冬笋、冬菜）加鱼松、烧饼夹牛肉、炸元蹄、京烧羊肉、芫荽炒喉管、酒糟鹅肝等，我不会浅尝，只会大吃，最后来个山东大包，再饱也吃得下。

还是从"天香楼"打包的吃得过瘾，酱鸭、马兰头、鸭舌头、蟹粉炒虾仁、烤田鸡腿、咸肉塌菜、鸭子云吞汤，就算不吃这些，来一碟他们泡的酱萝卜，已是人间美味。

简单一点，到"美华茶餐厅"来两个大粢饭，里面包的油炸鬼①是炸了两次的，爽脆无比，还添了榨菜和大量的肉松，另外还有那碗咸豆浆及油豆腐粉丝……最可惜的是他们做的蛤蜊炖蛋不能打包。

住医院，住出一个大胖子来。

----

① 即油条。——编者注

在食物中取得平衡，才最美味

记得多年前旅行时，常被友人请去吃一些所谓的"精致"餐厅，坐下来后，老板或大厨就会问："你知道还有什么高价的食材吗？"

我即刻想起的是鱼子酱、鹅肝酱和黑白松露，但当今也不算稀奇了。有时回答了也未必受欣赏，像我说藤壶在西班牙已卖到像金子一般贵时，对方听了说："那是我们叫的鬼爪螺吧，肉那么少，剩下皮和爪，有什么好吃的？"

懒得和他们争辩，西班牙的藤壶，大得像胖乎乎的拇指，每一口都是肉，鲜甜无比，而且长在波涛汹涌的岩石之上，要冒着性命下去才采得到，数目也越来越少，不懂得吃最好了，不然分分钟就有灭绝的可能性。

其实西班牙还有一种海鳗苗，在烧红的陶钵中下橄榄油和大蒜，将海鳗苗一把把撒进去，上盖，一下子就可以吃。吃时要用木头汤匙掏，否则会烫到嘴的，当今也卖得奇贵无比了。

其实我们吃的鱼子酱也大多不是伊朗产的，鹅肝酱更是来自匈牙利，松露来自中国云南，只管听名字和价钱，没有尝到最好的，又怎么去解释呢？

当年，在日本生活时，在蔬菜店里也能看到巨大的松茸，售价并不贵，那是来自韩国的，和日本产的香味不同，日本的只要切一小片放进茶壶中，整壶都香喷喷的。韩国的即使咀嚼一大枝，也没什么味道。

泰国清迈有种菌菇，埋在土底，也非常之香，当然不贵，但要懂得去找，世界之大，更有无尽的物产，也不一一细述了。

我们拼命地去发现外国食材时，西方大厨开始来东方找，见到日本有种像青柠一样大的小柚子，就当宝了，看到了大叫 Yuzoo，柚这个字的日文发音是 Yuzu，西方人不会叫，就像他们把海啸 Tsunami 叫成 Sunami 一样，听了真是好笑。这种日本柚子真的那么美味吗？也没有，普通得很。

近来西方人最喜欢加的是我们的海鲜酱，称之为 Hoisin Sauce，之前更大加蚝油（Oyster Sauce），什么菜都加，就说好吃，其实都是用大量的味精做的，他们少用味精，就觉得好吃。

味精制出来的鲜味，他们也不懂，惊为天人，大叫："Umami 呀 Umami！"他们不知道怎么表达这个鲜字，觉得很新奇，最常在料理节目中说这句话。

我们老早就知道鱼加羊，得一个鲜字。鱼加羊这道菜，在西洋料理中从未出现过，西方人觉得匪夷所思。其实海鲜加肉类一起调制的菜最鲜，韩国人也懂得这个道理，他们煮牛肋骨 Karubi-Chim 的古老菜谱中，是加墨鱼去煮的，和我们的墨鱼大烤异曲同工。

另有一种猪手菜，是把卤猪手切片，用一片菜叶包起来，再加辣椒酱和泡菜，最后放几颗大生蚝，这道菜吃起来当然鲜甜无比，韩籍大厨大卫·张（David Chang）就喜欢把猪手换成卤五花肉，用这种方法做，令洋厨惊奇不已，连安东尼·波登也拜服。

大卫·张最会摆弄东洋东西，他在日本受过训练，学到做木鱼的方法，把它用来做"木肉"，煮出来的汤非常鲜甜。

鲜已成为甜酸苦辣咸之后的第六种味觉，我们吃惯了不觉得有什么，西洋厨子到近年才开始接触，不过他们的认识尚浅，大部分厨子还是不去追求，以为崇尚自然才是大道理。

像当今大行其道的北欧菜，都是尽量不添加调味品的，这我并不反对，但是吃多了就会觉得闷，用一个"寡"字来形容最恰当了。

鲜味吃多了，也会嫌"寡"的，像云南人煮了一大锅全是菌菇的汤，虽然很鲜、很甜，但不加肉类的话，也会有很寡的感觉。

我们到底是吃肉长大的，虽然也知道吃素的好处，但总得在其中取得平衡，才是最美味的，不管是吃中菜还是西餐，吃荤菜还是素菜，最后取得平衡才是大道理。

大众印象中最坏的，还是猪油。这是一个完全错误的观念，我早就说猪油好吃，猪肉最香，大家都反对，我也被人家骂惯了，不觉得有什么。

卤五花腩时，加了海鲜，才是最高明的烹调法；加上蔬菜，那就更调和了，试着包一顿水饺吧，单单以肥猪肉当馅，总会吃厌，加了白菜，就美妙了。但是像山东人一样加海参、海肠，那就是鲜味的个中乐趣。

洋人也不是完全不懂的，像澳大利亚有道菜叫地毯袋乞丐牛扒（Carpetbagger Steak），就是把牛扒中间开一刀，再将大量生蚝塞进去。最初的菜谱还加了红辣椒粉，最新的做法是加伍斯特沙司（Worcestershire Sauce），上桌时将牛扒架起，用一片肥肉培根包扎起来。另一种做法是用万里香、龙蒿、柠檬、酸子①来腌制，最后再搭配一杯甜贵腐酒，完美。

---

① 别名罗望子、酸角。——编者注

尽管吃好了，很满足的

休息期间瘦了差不多十千克，不必花钱减肥，当今拍起照片来，样子虽然老，但不难看，哈哈。

为什么会瘦？并非因为生病，是胃口没以前那么好了，很多东西都试过，少了兴趣。

年轻时总觉得不吃遍天下美食不甘心，现在已明白，世界那么大，怎么可能？而且那些什么星级的餐厅，吃上一顿饭要花几小时，一想起来就觉得烦，哪里有心情一一试之？

当今最好的应该是 Comfort Food，这个聪明透顶的英文名词，至今还没有一个合适的中文名，有人尝试以"慰藉食物""舒适食品""舒畅食物"等称之，都词不达意，我自己说是种"满足餐"，不过是抛砖引玉，如果各位有更好的译名，请提供。

近期的满足餐包括了倪匡兄最向往的"肥叉饭"，他老兄最初来到中国香港，一看那盒饭上的肥肉，大喊："朕，满足也。"

很奇怪，简简单单的一种烧烤（Barbecue，BBQ），天下就没有地方做得比香港好。叉烧的做法源自广州，但你去找找看，广州哪有几家做得出像样的？

勉强像样的是在顺德吃到的，那里的大厨到底是基础打得好，异想天开地用一管铁筒在那条梅肉中间穿一个洞，将咸鸭蛋的蛋黄灌了进去再烧出来，切成块状时样子非常特别，又相当美味，值得一提。

叉烧，基本上要带肥，在烧烤的过程中，肥的部分会发焦，在蜜糖和红色染料之中，带有黑色的斑纹，那才够资格叫叉烧，做得一般的又不肥，又不燶 ①。

广东人去了南洋之后试图重现，结果只是把那条梅肉上了红色，烧得一点也不焦，完全不是那回事儿，切片后又红又白的，铺在云吞面上，丑得很。但久未尝南洋云吞面，又会怀念，是所谓的"美食不美"（Ugly Delicious），这也是韩裔名厨大卫·张的纪录片名字。

在这部片中，有一集是专门介绍 BBQ 的，他拍了北京烤鸭，但还没有接触到广东叉烧，等有一天来香港尝了真正的肥燶叉烧，才会感到惊艳。

这些日子，我常叫些肥燶叉烧外卖，有时加一大块烧全猪，时间要掌握得好，在烧猪的那层皮还没变软的时候吃才行。

从前的烧全猪，是在地底挖一个大洞，四周墙壁铺上砖块，把柴火抛入洞中，让热力辐射于猪皮上，才能保持十几小时的爽脆。当今用的都是铁罐形的太空炉，两三小时后皮就软掉了，完全失去了烧肉的精神。

除了叉烧和烧肉，那盒饭还要淋上烧腊店里特有的酱汁才好吃。那种酱汁与潮州卤水又不同，非常特别，太甜太咸都是禁忌，一过度即刻作废。

中国人又讲究以形补形，我动完手术后，迷信这个传说的人都劝我多吃猪肝和猪腰。当今猪肉价格涨得特别贵，但内脏却无人问津，叫它胆固醇。我向相熟的肉贩买了一堆也不要几个钱。请他们为我把腰子内部片得干干净净。猪肝又选最新鲜、颜色浅红的才卖给我，拿回家后用

---

① 燶，方言，意为焦、糊。——编者注

牛奶浸猪肝，再白灼，实在美味。

至于猪腰，记起小时候家母常做的方法，是沸一锅盐水，放大量姜丝，把猪腰整个放进去煮，这么一来煮过火也不要紧，等猪腰冷却捞出来切片吃，绝对没有异味，也可当小吃。

当今菜市场中也有切好的菜脯，有的切丝，有的切粒，浸一浸水避免过咸，之后就可以拿来和鸡蛋煎菜脯蛋了，简简单单的一道菜，很能打开胃口。

天气开始转冷，是吃菜心的好时节，市场中有多种菜心出现，有一种叫作迟菜心的，又软又甜，大棵的样子不太好看，但它是菜心中的绝品。

另一种红菜心的梗呈紫色，加了蒜蓉去炒，菜汁也带红，吃了像加了糖那么甜，但这种菜心一炒过头就软绵绵的，色味尽失，杂炒两下出锅可也。

大棵的芥蓝也跟着出现，我的做法是用大量的蒜头把排骨炒一炒，入锅后加水，再放一汤匙的普宁豆酱，其他调味品一概不用，最后把芥蓝放进去煮一煮就可以上菜，不必煮太久。总之菜要做得拿手全靠经验，也不知道说了多少次，做菜不是高科技，失败两三回一定成功。

接着就是面条了，虽然很多人说吃太多不好，但这阵子我才不管，尽量吃。我的朋友姓管名家，他做的干面条一流，煮过火也不烂，普通干面煮三四分钟就非常好吃，当然下猪油更香。他又研发了龙须面，细得不能再细，水一沸，下一把，从一数到十就可以起锅，吃了会上瘾。

白饭也不能少，在吃新米的季节，什么米都好，一老了就失去香味。米一定要吃新的，越新越好，价格贵的日本米一过期，不如去吃便宜的泰国米。

当然，又是淋上猪油，再下点上等酱油，什么菜都不必加，已是满足餐。

爱上羊肉的膻

膻，读作 shān，看字形和发音，好像都有一股强烈的羊味，而这股味道，是令人爱上羊肉的主要原因。

成为一个老饕，一定要什么东西都吃。怕羊膻味的人，做不了一个美食家，也失去味觉中最重要的一环。

凡是懂得吃的人，吃到最后，都知道所有肉类之中，鸡肉最无味、猪肉最香、牛肉好吃，而最完美的，就是羊肉了。

北方人吃惯了羊，南方人较不能接受，只尝无甚膻味的瘦小山羊。对游牧民族来说，羊是不可缺少的食物，煮法千变万化。羊吃多了，身上也发出羊膻味来，这也难免。

有一次和一群中国香港的友人游土耳其，走进蓝庙之中，那股羊味攻鼻，我自得其乐，其他人差点晕倒。这就是羊肉了，个性最强，爱憎分明，没有中间路线可走。

许多南方人第一次接触到羊肉，是吃北京的涮羊肉。"涮"字读作

shuàn，他们不懂，一味叫"擦"，有边读边①，但连刷子的"刷"，也念成"擦"了。

南方人吃火锅，以牛肉和猪肉为主，喜欢带点肥的；一吃涮羊肉，就对侍者说："给我一碟半肥瘦。"

哪儿有半肥瘦的羊肉？把冷冻的羊肉用机器切片，片出来后搓成卷卷，都只有瘦肉，一点也不带肥。要吃肥，叫"圈子"好了，那是一卷卷白色的东西，全是肥膏，香港人看了皱眉头。

入乡随俗，人家的涮羊肉怎么吃，你我依照他们的方法吃就好了，噜苏②些什么呢？要半肥瘦？易办！只要夹一卷瘦的，另夹一卷圈子，不就行了吗？

老实说，我对北京的涮羊肉也有意见，认为肉片得太薄，灼熟后放在嘴里，口感不够；而且冰冻过，大失原味。有一次去北京，一家小店卖刚切完的羊腿，人工切得很厚，膻味也足，吃起来才过瘾。

吃涮羊肉的过程中，最好玩的是自己混酱。一大堆的酱料，摆了一桌面，有麻油、酱油、芫荽、蒜蓉、芝麻酱、豆腐乳酱、甜面酱和花雕酒等。很奇怪的是，中间还有一碗虾油，就是南方人爱点的鱼露了，这种鱼腥味那么重的调味品，北方人也接受，一再证明，羊和鱼，得一个鲜字，配合得最佳。

我受到的羊肉教育，也是从涮羊肉开始，愈吃愈想吃更膻的，有什么好过内蒙古的烤全羊？

---

① 这是一种读汉字的方法，指读生字时只读熟识的一部分。——编者注

② 方言，意为"啰唆"。——编者注

　　整只羊烤熟后，有些人切身上的肉来吃，我一点也不客气，伸手进去，在羊腰附近掏出一团肥膏来，这是吃羊的最高境界，天下最美味的东西。

　　吃完肥膏，就可以吃羊腰了，腰中的尿腺当然没有除去，但由高手烤出来的，一点异味也没有，只剩下一股香气。我又毫无礼貌地把那两颗羊腰吃得一干二净。

　　其他部分相当硬，我只爱肋骨旁的肉，柔软无比，吃完已大饱，不再动手。

　　记得去南斯拉夫①吃的烤全羊，只搭了一个架子，把羊穿上，铁枝的两头各为一个螺旋翼，像小型的荷兰风车，下面放着燃烧的稻草，就那么烤起来。风一吹，羊转身，数小时后大功告成。

　　将羊拿进厨房，只听到砰砰几声巨响，不到三分钟，羊被斩成大块上桌。桌面上摆着一大碗盐，和数十个剥了皮的洋葱。一手抓羊块，一手抓洋葱，像吃苹果般咬，蘸一蘸盐，就那么吃，最原始，也最美味。

　　"挂羊头卖狗肉"这句话，也证明一些人认为很香的狗肉，也没羊肉那么好吃。我在西亚国家旅行，最爱吃的就是羊头了。柚子般大的羊头，用猛火蒸得柔软，一个个堆积如山，放在脚踏车后座上，小贩通街叫卖。

　　要了一个，十港元左右，小贩用报纸包起，另给你一点盐和胡椒，拿到酒店慢慢撕着吃。最好吃的是面颊那个部分，再拆下羊眼，角膜像荔枝那么爽脆。抓住骨头，直接把羊脑吸了出来，吃得满脸是油，大呼

---

① 南斯拉夫是 1929 年至 2003 年建立于南欧巴尔干半岛上的国家，作者在其解体前曾前往当地进行电影摄制工作。——编者注

过瘾，满足也。

到了南洋，印度人卖的炒面，中间有一小小片羊肉，才那么一点点，吃起来特别珍贵，觉得味道更好。他们用羊块和香草熬成的羊肉浓汤，也很美味。一条条的羊腿骨，以红咖喱炒之，叫作"笃笃"。

吃时吸羊骨髓，要是吸不出，就把骨头打直了向桌子上敲去，发出笃笃的声音，骨髓流出再吸，再敲，再吸，吃得脸上沾满红酱。曾和金庸先生夫妇一块尝此道菜，吓得查太太脸青，大骂我是个野人。

羊肉也可以当刺身来吃，西亚人将最新鲜的部分切片，淋上油，像意大利人的生肉头盘。西餐中也有鞑靼羊肉[1]的吃法，要高手才调得好味。洋人最普通的做法是烤羊架，羊架是排骨连着一块肉的那种，人人都会做，中厨一学西餐，就做这一道菜，我已经看腻和吃腻，尽可能不去点它。

在澳大利亚和新西兰，羊比人还要多，三四十港元就可以买一条大羊腿，买回来洗净，放进抽和大量黑胡椒腌上，再用一把刀子，当羊腿是敌人，插它几十个窟窿，塞入大蒜瓣，放进焗炉。加几个洋葱和大量蘑菇，烤至叉子可刺入为止，香喷喷的羊腿大餐，即成。

至今念念不忘的是中国台湾的炒羊肉，台湾人可以吃羊肉当早餐，羊痴一听到大喊"发达"。他们的羊肉片，是用大量的金不换叶和大蒜去炒的，有机会我也可以表演一下。

听到一个所谓的食家说："我吃过天下最美味的羊肉，一点也不膻。"

我心中暗笑。吃不膻的羊肉，不如去嚼发泡胶。

---

[1] 指生吃羊肉。——编者注

烹饪将食材升华，慢慢欣赏，才知味道

煎炸的食物，一向发出浓厚的香味，引起人的食欲，尤其是小孩子的。他们最感兴趣的，不是煎，就是炸。

利用这一点，传统的潮州餐馆或街边档，一定在门口弄一个平底锅煎炸马友鱼，阵阵香味飘出，招揽客人。

快餐店的炸鸡也用相同的手法，什么东西都炸、炸、炸，像魔笛手迷住众生。

炸薯条更是罪魁祸首，在快餐店里被大量制造，淡而无味的食材一经油炸，就变成佳肴。法国的炸薯条还有一点道理，美国的等于饲料，但都被当成宝。

年纪一大，对炸的食物便失去了兴趣，有时还一吃就喉咙痛，带来咳嗽和伤寒，愈来愈不敢碰之。

但市面上的炸物依然大行其道，为避免家长叫儿童少吃煎炸东西，厨子们将之美名，称之为"椒盐"，一叫椒盐，连大人也骗了，安心食之。

所有椒盐的菜，都是把食材淋上一层糊，然后放进锅中油炸一番，上桌前弄些酱汁铺上，或撒些红辣椒丝、炸大蒜蓉等。椒盐濑尿虾、椒盐蟹、椒盐排骨，都是例子。

就连香港名菜的避风塘炒辣蟹，也是油炸的。大排档和茶餐厅的几乎所有食物，非先炸一炸不可。

为什么那么喜欢油炸呢？答案很简单：快呀。

我曾经站在大排档口，观察厨子烧菜良久，发现客人叫了一客牛

肉炒凉瓜，助手就把苦瓜和牛肉片放在一个铁盘中，揉上点荚粉交给师傅。师傅手上拿的不是镬铲，而是一把铁勺，很快地就从大油锅中舀去几大勺，放进锅中，把上述食材加入，炸一下，就用铁筛隔住，将油倒回了大油锅。

这时食物已熟了三分之一，师傅再下油，加酱，翻炒两下，就可上桌了。

客人又叫了一碟干炒明虾，助手依样画葫芦，厨子以同一手法炸了又炒，用的是同一锅的油，倒回去的也是同一锅的油。

所以炒出来的东西，味道都是一样的了。

这种现象不限于大排档，要是你能钻入各家大餐厅的厨房，相信看到的都是类似的手法，难怪我们的菜式，水平一次比一次低落，已经没了生炒这回事。

千万别误会，我对于炸，并非抹杀；反而对于炸得好的，十分喜爱。

印度尼西亚人将一尾鲤鱼放入大油锅，也不劏，就那么炸。炸出捞起，待凉，再翻炸一遍。上桌时，整条鱼香脆，就连骨头和鳞，也是一咬而碎的，蘸着自己捣的大蒜辣椒酱吃，用手撕着，一块块放入口，实在是人间美味。

山东人的炸猪脊，单单是一片赤肉，不上浆，就那么炸起来，又薄又脆，也是佳肴。

记得小时候，奶妈把苏打饼干捣碎，沾在肉上再炸，也是我们最爱吃的菜。

炸得差的是一些不努力的食肆，什么食物都浸在很厚、很浓的粉浆里，然后往油锅中扔去，也不管油温如何，看外表金黄了就捞起。吃起来，满嘴是糊，有些部分还炸不透，总之不知道其中包的是鱼还是肉，吃的只是那层皮。

到日本留学时，光顾的都是那些廉价餐厅，见食物样板上写着一客炸虾，就叫了。试了一口，觉得天下再也没有那么难吃的东西了，从此再也不碰。

当年半工半读，替邵氏电影公司打工，当驻日本经理。六叔和六婶来日本，最喜欢吃的一道菜，就是天妇罗了。我每次一听说要上天妇罗馆子，就皱眉头，心里说："天妇罗就是油炸虾呀！有什么好吃的？"

慈祥的六婶好像知道，她说："一般的油炸东西，日本人用英语的叫法 Fry，读成 Furai，当然不好吃，但天妇罗不同，已将油炸的东西升华到另一境界，得慢慢欣赏，才知道它的味道。"

我当然没听进去。后来，在日本住久了，才明白她的说法。如果你问我日本食物花样那么多，最喜欢吃的是什么，我的答案一定是天妇罗了。

做天妇罗要有基本的厨具，就是大油锅了。最好是铜制的，而且至少要半英寸①厚，那么一来，油的温度才能保持稳定。用的油也有讲究，山茶花油才是首选，它的沸点比一般的油高，也不容易挥发，没那么多油烟。

淋的粉浆，粉和蛋的比例如何，全凭经验，总之粉浆是愈薄愈好，薄到炸后食物看起来是透明的为止。

至于炸多久，也看大师傅的功力，全无定法。

---

① 英寸，英制长度单位，1 英寸 =2.54 厘米。——编者注

　　我经常光顾的一家东京的天妇罗店，叫作"佐加川"，老师傅人又瘦又小，每晚服侍前来试他的手艺的八个客人，大家都坐在柜台面前，碟中摆放着一张纸。

　　老师傅把食物做好，放在纸上。我们用筷子夹来吃时，发现纸上一滴油的痕迹也没有，手艺简直让人叹为观止。可惜当今老师傅已逝世，他的儿子做的，纸上有一滴油。

　　回忆老师傅的话："非炸也。只不过是生的东西，用油将它变熟罢了。"

第四章

玩味

吃东西也是一种艺术

当食家，当然由吃做起

小朋友问："昨天看中国台湾的饮食节目，出现了一个出名的食家，他反问采访者：'你在台湾吃过何首乌包的寿司吗？你吃过鹅肝酱包的寿司吗？'态度相当傲慢。这些东西，到底好不好吃？"

"何首乌只是草药的一种，虽然有疗效，但带苦，质地又粗糙，并不好吃，用来包寿司，显然是噱头而已。而鹅肝酱的吃法，早就被法国人研究得一清二楚，很难超越他们，包寿司只是想卖高价钱。"我说。

"那什么才叫精彩的寿司？"

"要看他们切鱼的本事，还有他们下盐，也是一粒粒数着撒。捏出来的寿司，形态优不优美也很重要，还要鱼和饭的比例刚好才行。"

"怎样才知道吃的是最好的寿司？"

"比较呀，一切靠比较。极好的寿司店，全日本也没有几家，至少先得一家家去试。"

"其他国家就不会出现好的寿司店？"

"其他国家的寿司店，不可能是最好的。"

"为什么？"

"第一，一流的师傅在日本已非常抢手，薪金多高都有人请，他们在日本本土生活优雅，又受雇主和客人的尊敬，不必到异乡去求生；第二，即使在别国闯出名堂，也要迎合当地人的口味，用牛油果包出来的加州卷，就是明证。有的更学了法国人的上菜方法来讨好当地人，像悉尼的 Tetsuya[①] 就是个例子。"

"那么要成为一个食家，应该怎么做起？"

"做作家要从看书做起；做画家要从画画做起；当食家，当然由吃做起，最重要的，还是对食物先有兴趣。"

"你又在作弄我了，我们天天都在吃，一天吃三餐，怎么就成不了食家？"

"对食物没有兴趣的话，食物就变成饲料了，一喜欢，就想知道吃了些什么。最好用笔记下来，再去找这些食材的数据，做法有多少种等，久而久之，就成为食家了。"

"那么简单？有没有分阶段的？"

"当然。最低级的，是看到什么食物，都哇的一大声叫出来。"

小朋友点点头："对，对，要冷静，要冷静！还有呢？"

"不能偏食，什么都要吃。"

"内脏呀，虫虫蚁蚁呀，都要吃吗？"

"是。吃过了，才有资格说好不好吃。"

"那么贵的东西呢？吃不起怎么办？"

"这就激发你去努力赚钱呀！不过，最贵的东西全世界都很少的，反而是最便宜的最多，造就的尖端厨艺也最多。先从最便宜的吃起，如果你能吃遍多种，也许你不想吃贵的东西了。"

"吃东西也是一种艺术吗？"

"当然，一样东西研究深了，就变成艺术了。"

---

① 位于悉尼的一家日法融合高级料理餐厅。——编者注

"那到底怎么做起？"

"你家附近有什么东西吃，就从那里做起，比方说你邻居的茶餐厅。"

"不怎么好吃。"

"对了，那是你和其他地方的茶餐厅一比，才知道的道理。"

"要比多少家？"

"听到有好的就要去试，从朋友的介绍，到饮食杂志的推荐，或网上公布出来的意见，得到资料，一间间地去吃。吃到你成为茶餐厅专家，然后就可以试车仔面、云吞面、日本拉面，接着是广东菜、上海菜、潮州菜、客家菜，那种追求和那种学问，是没有穷尽的。"

"再下来呢？"

"再下来就要到外国旅行了，去吃那边的食物，再回来和你身边的食物比较。"

"那么一生一世也吃不完那么多了。"

"三生三世，或十生十世也吃不完。能吃多少，就是多少。"

"可不可以把范围缩小一点儿？"

"当然。凡是学习，千万不要滥。像想研究茶或咖啡，选一种好了。学好一种才学第二种，我刚才举例的茶餐厅，就是这个道理。"

"你现在呢？是不是已经到了粗茶淡饭的境界？"

我笑了："还差得远呢。你没看过我的专栏名字，不是叫'未能食素'吗？那不代表我吃不了斋，而是说我的欲望太深，归不了平淡这个阶段。不过，太贵的东西，我自己是不会花钱去追求了，有别人请客，倒可以浅尝一下。"

懂得米香，懂得食物的真正滋味

和一群故交晚宴，初次见面的小朋友与我交谈。

问："到现在才知道你吃得那么少。"
答：（笑）。

问："年轻时也是这样的吗？"
答："习惯从那时候起，在外国留学，半工半读，苦学生，又想喝酒。喝酒的目的是用来醉，吃饱了就难醉了，所以空肚子喝。"

问："后来呢？"
答："后来拍电视的饮食节目，一天得去五家餐厅，更不能多吃了，只可试试味道。而且，肚子饱的时候，不想吃，眼神就没有好奇和饥饿的感觉，镜头下会显露出来。"

问："什么都只吃一点点，半夜不会饿吗？"
答："回到家里才吃点方便面，或在冷饭中浇上一点菜汁，填填肚才能睡得着。"

问："我们都以为你食量很大。"
答："这是大家随意给的印象，像遇到我，有的说你胖了，有的说你瘦了，其实我这20多年来一直保持着75千克的体重。不然的话，我得去买新衣服，那会很贵，身材不变的话，就算一年买一件好的，不跟流行，累积下来，也有一整柜。"

问：“那食物，你也只选好的来吃？”
答：“鲍参肚翅，我一看到就逃之夭夭，人家请客，我最多淋点蒸鱼汁在白饭上，拿来送酒。”

问：“去的都是高级餐厅？”
答：“我一个星期写一篇评价餐厅的文字，不能只吃高级的，那会离开读者，我什么食肆都去，只要是能引起我食欲的。”

问：“什么东西才能引起你的食欲？”
答：“没有吃过的。我的好奇心很重。”

问：“这世界上你没吃过的，不多吧？”
答：“错。太多了，再活三世，也吃不完。”

问：“（笑）有没有吃厌的时候？”
答：“新的食物，怎么会厌呢？不过，愈吃愈清淡，也是年纪大后，很自然的事。”

问：“清淡的东西好吃吗？总比不上大鱼大肉吧！”
答：“是的，我说的是经过大鱼大肉的年代。像那碗白饭，我们在吃大鱼大肉时是不会欣赏它的，现在的我，懂得什么叫米香。”

问： "有什么东西，是百食不厌的？"

答： "妈妈做的菜，家乡的味道，怀旧的味道。"

问： "食材呢？"

答： "鸡蛋吧，我对鸡蛋是百食不厌的。"

问： "请举一个例子。"

答： "我刚从马来西亚回来，早餐常叫两个生熟蛋，那是把鸡蛋用滚水浸在一个大漱口杯中，过几分钟，取出，用小茶匙敲碎，打开壳，成两半，蛋白皆在壳中，滴又浓又黑的酱油，撒胡椒粉，再用匙挖出黏在壳中的蛋白来吃。"

问： "味道好吗？"

答： "对你来说，不知道；对我，是小时候的记忆。"

问： "还有其他做法吗？"

答： "千变万化，愈是普通的食材，愈容易拿来练习，结果做法也就愈多，我最近在微博上举行一个鸡蛋比赛，让网友们参加，以后可以出一本关于鸡蛋做法的书呢。"

问： "总有些东西你会喜欢得吃过量吧？"

答： "有。像蛳蚶，用滚水一烫，即倒掉，剥开壳，还是血淋淋的，吃个不停，吃到血从手流到臂上，那才叫过瘾；像吃榴梿，吃到撑死；像吃中国台湾的蚶仔，一盘又一盘，朋友问你要吃到怎么样为止，我总回答说：要吃到拉肚子为止；像……像……"

一切食物，浅尝一下，就够了

和小朋友聊天，当然是有关于吃的，和我交往的都喜欢谈饮食，也只有这种话题，最为欢乐。

"我发现你原来是吃得不多的，你的许多朋友也说：蔡澜这个人是不吃东西的，这是不是因为你已经吃厌了，人也老了？"小朋友口没遮拦，单刀直入。

"老不是一种罪，我承认我是老了，有一天，你也会经过这个阶段。至于是不是吃厌了，好的东西怎么会吃厌呢？当今好吃的东西少了，我就少吃一点儿。"我老实地回答。

"照样有很多好吃的东西呀，有瓜果菜蔬，有猪肉鸡肉，有石斑也有苏眉，怎么说好吃的东西少了呢？"小朋友反问。

"有其形，无其味，你们吃的鱼多数是养殖的，肉类的脂肪也愈减愈少，蔬菜更是经过基因改造的，弄得没有味道。

小朋友："那……那我们要怎么样才好？"

"一切浅尝。"

"浅尝？"

"是，这是一门很深奥的学问，美食当前，叫你不再去碰是不容易的，我自己也忍不了，要学会浅尝不容易。"我说。

"那我们年轻人呢？要怎么开始？"

"从'要吃，就吃最好的'开始。"

小朋友点点头，好像有点明白这个道理了："那和浅尝有什么关系？"

"你们这个年代，就算有钱，能吃到野生的东西机会也不多，那么就别贪心，吃几小口就放弃，看到养殖鱼，只用它的汤汁来浇白饭，也是一种美食。"

"白饭吃了会发胖的！"

"胡说，现在的人哪会吃太多饭？你们发胖，是因为你们喜欢吃垃圾食物，而垃圾食物多数是煎炸的，煎炸的东西吃多了才会发胖！"

"煎炸的东西很香，你不喜欢吃吗？"

"我也喜欢，不过我喜欢吃好的。"

"煎炸食品也分好坏吗？"

"当然，包着那层粉那么厚，吸满了油，我一看到就会觉得恐怖。好的天妇罗，炸后放在纸上，最多只有一两滴油，你吃过了，就不会去尝坏的了。"

"我们哪有条件天天去吃高级的天妇罗？"

"把钱省下，吃一次好的，这么一来，至少你不会天天想吃肯德基。同样的道理，你吃过一顿好的寿司，就不会想去吃回转的了。"

"道理我知道，但是我们还在发育时期，你让我怎么不吃一个饱呢？"

"那我宁愿你吃几串鱼蛋、一碟炒饭、一碗拉面，每一种都浅尝，好过把一种东西塞得你的胃满满的，对待感情，花心我不鼓励，但对食物，绝对要花心！"

"这话怎么说? "

"比如吃鱼, 如果有孔雀石绿, 那么少吃一点也不要紧, 吃太多, 毛病就来了。吃火锅担心劣质油, 那么吃少一点, 再来杯茶解解, 也没事。"

"你的意思是什么都可以吃, 但是什么都少吃一点? "

"对, 要保持好奇心, 中国菜吃了, 吃日本菜, 吃韩国菜, 吃泰国菜, 吃越南菜, 吃西餐, 什么都好, 什么都不必狂吞, 多吃几样。"

"不喜欢的呢? 像芝士, 我就从来不碰。"

"也要逼自己去吃, 试过了, 你才有资格说喜欢或者不喜欢, 从来不碰, 就是无知。年轻人求的是知识, 你怎么可以连这一点都不懂? 有的芝士很臭, 但是可以从不臭的卡夫芝士开始, 蘸点糖, 甜甜的, 好像吃蛋糕, 慢慢地你就会发现卡夫芝士满足不了你, 因为它是牛奶做的, 当你要求更浓郁的味道时, 你就会去吃羊奶做的了, 到那时, 整个芝士的味觉世界, 就被你打开了。"

"吃榴梿也是同一个道理? "

"对。把榴梿放在冰格上冻硬, 拿下来用刀切一小片, 当雪糕吃, 当你接受了, 泰国榴梿满足不了你, 便会去追求马来西亚的猫山王了。"

"道理我明白, 但是有些人也只爱吃麦当劳, 只喜欢吃肯德基, 那怎么办? "

"那只有祝福你了。"

小朋友有点委屈: "对着一些我爱吃的东西, 总得吃个饱, 你怎么说我也不会理睬的。"

"我知道, 有些东西在这个阶段是很难入脑的, 我现在唠唠叨叨地向你说, 也不希望你会了解, 我只是在你脑中种下一颗种子罢了。有一句话你记得就是：今天要吃得比昨天好，希望明天就得比今天更精彩。到时候，你就会发现，一切食物，浅尝一下，就够了。"

人快乐，身体就健康

问："作为一个美食家，你注重健康吗？"
答："智者曾经说过，作为一个美食家，从牺牲一点点的健康开始。"

问："但是当今流行，都是以健康为主。"
答："以健康为名，许多美食文化，都被消灭了。"

问："这话怎么说？"
答："举个例子，上海本帮菜的特色浓油赤酱，现在已无影无踪，得拼命去找，才能找到几家吃得过的。"

问："从前的人缺乏营养，菜要又油又甜，当今的人富裕，得吃清淡一点嘛。"
答："太过清淡，同样对身体不好。"

问："猪油总不能吃吧？"
答："猪油有那么可怕吗？植物油就那么好吗？有些菜，不用猪油就完蛋了，像上海的菜饭、宁波的汤圆、潮州的芋泥，把猪油拿走，还剩下什么？"

问："猪油有那么好？可过多了还是不行。"

答："这句话我赞成，但少了也不一定健康，我们不是天天猛吞大肥肉，偶尔来一客红烧蹄髈，是多么令人身心愉快的事呀！"

问："不放那么多油可不可以？"

答："有些菜不可以，像过桥米线，生鱼生肉全靠上面那层油来焖住，才能煮熟。当今的只下那么一点点油，不吃坏肚子才怪。"

问："健康饮食，从什么时候，在哪里开始流行？"

答："20 世纪 90 年代吧，是加州的美国人始创的，他们把太油太腻的意大利菜，改成少油少盐，大家拼命吃生菜沙拉，吃得都变成兔子了。"

问："但怎么那么快地影响了全球？"

答："都怕胖嘛，尤其是女人，有些干脆吃起素来，而且强调全部是有机的，什么是有机，到现在很多人还是搞不清楚。"

问："有机菜比较有味道呀。"

答："我吃不出来，你能吃得出来吗？"

问： "……"

答： "就算是吃菜，吃到觉得很淡的时候，就拼命加油加酱了。香港的斋菜，油下得也多得厉害，那些不容易洗得干净的植物油会在胃中，后果怎么样，你自己想想。"

问： "那么接下来流行的慢食呢？"

答： "快食慢食，对于所谓的健康，并没有明显的区别，只是大家的习惯而已。问题在于好不好吃，美式的快餐，不好吃，就不吃了，但也不至于弄成慢食，就好吃。"

问： "那么慢煮呢？"

答： "我一听到厨师走出来解释，说这块肉用多少度的低温，煮了多少小时，心中就发毛。新鲜食材新鲜煮新鲜吃，才算新鲜，给他那么一弄，有什么新鲜可言？况且，包在塑料袋内来煮，塑料袋的化学品分解出问题的机会大，虽然当今还没有科学引证，也可以想象不是一件什么好事。"

问： "那你自己是怎么保持健康的？"

答： "从来不用保持这两个字，想吃什么就吃什么，油腻的东西吃多了，就喝浓普洱茶来解。我也不一定是大鱼大肉，在家吃些清粥，送块腐乳，也是一餐。"

问： "那体重呢？你的体重是多少？"

答： "75 千克，在这 20 几年来一直不变。"

问： "怎能不变，容易吗？"

答： "容易，一上秤，发现重了，就少吃一餐，或者干脆断食一两顿
饭，就轻了下来。"

问： "那么我们女人要好好学习了，可是，怎么忍呢？忍不住呀！"

答： "忍不住，就不能怪人。一切都是自作自受。"

问： "所以我们要吃健康餐呀！"

答： "不是吃健康餐就能健康的。"

问： "那么你教教我们怎么做。"

答： "健康分两种，精神上的和肉体上的。我不知道说过多少遍，倪
匡兄也主张：不吃这个、怕吃那个，精神上就不健康了。精神不
健康，什么毛病都跑出来，而人一快乐，身体就健康，这是必
然的。"

问： "就那么简单？"

答： "就那么简单。"

要大饱口福，也要吃得优雅

和小朋友聊天。

问： "听说你最近有做新的饮食节目的念头，会是什么内容呢？"

答： "主要的是保存濒临绝种的美食，尽量重现一些古时候的菜谱。还有让观众知道，平凡的食材，也能做出精彩的菜。"

问： "只讲中国菜吗？"

答： "也不是。像旅行，一生总要过，看别人是怎样过的，把节目做成味觉的旅行，同样的食材，看别人是怎么做出来的，让大家参考。"

问： "举个例子吧。"

答： "比方说，你到一家好的外国餐厅，如果面包不是自己烤的，那么这家餐厅好得极有限。有些中国食肆最不重视白饭了，为什么不能像外国的一样，把一碗基本的饭炊得好一点呢？从白饭延伸，做出粥来，各种不同的粥，也用米，磨成浆，烹调出各种吃法，像肠粉等。"

问： "那也可以做不同的炒饭了？"

答： "这当然。"

问： "要不要比赛呢？"

答： "何必，大家切磋，多好！"

问： "还有什么可以添加的？"

答： "我想再加一个餐桌上的礼仪的环节。"

问： "不会闷吗？"

答： "不说教就不闷。而且这是我们很需要的一课，像吃饭时抢着夹菜，就不应该，我们还有很多人会把菜东翻西翻，也不对。"

问： "这不是很基本的吗？"

答： "是基本，但不懂的人还是很多，需要提醒。我们很幸运，有父母指引，但现在大家都忙，也许忽略了。像吃饭时发出啍啍的声音来，也不雅。"

问： "现在很多人都是这样吃的呀，已成为习惯，大家都发出啍啍声，也就接受了，没什么不对呀。"

答： "和朋友或家人一起吃，怎么吃都行，但是去不了大场面。在外国旅行，总有一些国际上的基本礼仪要遵守，否则人家看了虽然不出声，但心中看不起你，我们何必做这种被人看不起的事？"

问： "这是因为你年纪大了，看不惯年轻人的反叛。"

答： "对。我们年轻时也反叛过，不爱遵守固有的道德观，父母看不惯。但这不是反叛不反叛的问题，是做人做得优不优雅的问题，是永恒的。"

问："还有什么环节？"

答："很多，像食物的来源和人生的关系。"

问："举个例子。"

答："像东方吃白米长大的，和西方吃面包长大的，在身体上有什么不同。发育也完全不一样，东方的孩子，送到西方去，也比较高大呀，这是明显的例子。"

问："那要研究营养学了？"

答："这让学者去讨论，我们做的到底是电视节目，很实际地需要收视率，必须有娱乐性才行。如果用太多篇幅去谈药膳之类的，就太过枯燥了。"

问："那么讲不讲素食呢？"

答："当然得涉及，讲的是真正的素食，不是把素食变成什么斋叉烧，什么斋烧鹅。这么一来，心中吃肉，也等于吃肉了，不是真正的素食。"

问："可以做些什么素食呢？"

答："在食材上去下功夫，像有种海藻叫海葡萄，就那么用醋和糖来腌制一下，就是一道美食。"

问："叫大师傅来做？"

答："也要请他们示范。不过家庭主妇的手艺也不能忽略。她们的菜，

做给子女吃，一定用心。用心做，是餐厅大师傅缺少的。有时候，
她们在很短的时间内，也可以做出一桌菜来，应付丈夫临时请来
的客人。真有这些卧虎藏龙的厨娘，都要一一发掘。"

问："有没有减肥餐呢？"
答："没有。"

问："怎么答得那么绝对。"
答："最有效的减肥餐，就是不吃，不吃就不肥。"

问："那么讲不讲人与食物的亲情？"
答："饮食节目是应该欢乐的，太多挤眼泪的情节，还是少做吧。"

问："外国拍的饮食节目，有什么可以借鉴的？"
答："我都不想重复他们的内容，精神上可以抄袭，像他们在一小时
之内做出多种菜来，就有那种压迫感，也许我会请一些专业厨师，
或一些生手，在 20 分钟之内做出几道菜来。"

问："做得到吗？"
答："中国的煮和炒，都是在很短的时间内完成的，像《铁人料理》那
种节目，如果让一个巧手的厨师去做，一小时之内做出一桌菜来，
不是难事。"

烹调也要精益求精

地球上那么多国家，有那么多的食物，数也数不完。大致上，我们可分为两大类：东方的和西方的，也等于是吃米饭的和吃面包的。

"你喜欢哪一种？中餐还是西餐？"

这个问题，已不是问题，你在哪里出生，吃惯了什么，就喜欢什么，没得争拗，也不需要争拗。

就算中餐千变万化，365日天天有不同的菜肴，而你是多么爱吃中餐的西方人，连续五顿之后，也总想锯块牛扒，吃片面包。同样地，我们在法国旅行，尽管生蚝那么鲜美，黑松菌鹅肝酱那么珍贵，吃了几天之后总会想："有一碗白饭多好！"

我们不能以自己的口味，来贬低别人的饮食文化，只要不是太过匮乏的地方，都能找到美食。而怎么去发掘与享受这些异国的特色美食，才是做一个国际人的基础。拼命找本国食物的人，不习惯任何其他味觉的人，都是一些可怜的人。他们不适合旅行，只能在自己的国土终老。

一个人有能力改变自己的生活，但他无法决定自己的出身。我很庆幸长于东方，我们在科技上也许还赶不上欧美，但是在味觉上，我自认为比西方人丰富得多。

当然我不会因为有些中国人吃熊掌或猴脑感到骄傲，但在最基本的饮食文化上，东方的确比西方高出许多。

举一个例子，我们所谓的三菜一汤，就没有吃个沙拉，切块牛扒那么单调。

法国也有十几道菜的大餐，但总是一样吃完再吃下一样，不像东方人把不同的菜肴摆在眼前，任选喜恶那么自由自在。圆桌上的进食，也比在长桌上，只能和左右及对面的人交谈来得融洽。

说到海鲜，我们祖先发明的清蒸，是最能保持原汁原味的烹调方式。西方人只懂得烧、煮和煎炸，很少见他们蒸出鱼虾蟹来。

至于肉类和蔬菜，生炒这个方法在近年来才被西方人发现。Stir-Fried 这字眼从前我没见过，我们的铁锅，广东人称之为"镬"，西方人的字典中没有这个器具，后来才以洋音 Wok 安上去的，根本还谈不到研究南方人的"镬气"，北方人的"火候"。

炖，西方人说成双煮（Double Boiled），鲜少用之。所以他们的汤，除了澄清汤（Consommé）之外，很少是清澈的。

拥有这些技巧之后，有时看西方的烹调节目，未免不同意他们的煮法，像煎一块鱼，还要用支汤匙慢慢翻转，未上桌已经不热。又凡遇到海鲜，一定要挤大量的柠檬汁去腥等，就看不惯了。

但东方人自以为饮食文化悠久和高深，就不接触西方食材，眼光也太过狭窄。最普通的奶酪芝士，不能接受就是不能接受，这是多么大的一种损失！学会了吃芝士，你就会打开另一个味觉的世界，享之不尽。喜欢他们的鱼子酱、面包和红酒，又是另外的世界。

看不起西方饮食的人，是近视的。这也和他们不旅行有关，没吃过人家好的东西，怎知他们多么会享受？

据调查，在中国香港的食肆之中，关门最快的是西餐店，这与人们对西餐接触得少有极大的关系。以为他们只会锯扒，只会烟熏鲑鱼，只会烤羊鞍，来来去去，都是做这些给客人吃，当然要执笠了。

我对日本人的坏处多方抨击，但对他们在饮食上精益求精的精神倒是十分赞同。像一碗拉面，三四十年前只是酱油加味精的汤底，到现在百花齐放，影响到世界各地的行业，也是从中国的汤面开始研究出来的。

西方和东方的烹调，结合起来一点问题也没有，错在两方面的基本功都打得不好，又不去研究和采纳人家成功的经验，结果怎么搞，还是四不像，Fusion（融合）变成 Confusion（混淆）了。

一般的茶餐厅，也是做得最美味的那家生意最好。要开一家最好的，在食材上也非得不惜工本不可。中国香港的日本料理，连最基本的日本米也不肯用、只以什么"樱城"牌的美国米代替，怎么高级也高级不起来。白饭一碗，成本才多少，怎么不去想一想？

掌握了蒸、炖和煮、炒的技巧，加入西方人熟悉的食材，在外国开餐厅绝对行，就算炒一两种小菜给友人吃，也是乐事。别以为我们的虾生猛，地中海里头都黑掉的虾比我们游水的虾美味得多，用青瓜、冬菜和粉丝来半煎煮，一定好吃。欧洲人吃牛扒，也会用许多酱料来烧烤，再加上牛骨髓，更是精细。我们用韩国腌制牛肉的方法生炒，再以蒜蓉爆香骨髓，西方人也会欣赏。戏法人人会变，求精罢了。

爱吃，会吃，吃得聪明

黄鱼卖到几千元一尾，这已超出常理，你去吃吧，我绝对不当傻瓜。

一饼来路不明的普洱也要卖到天价，这已超出常理，你去喝吧，我绝对不会当傻瓜。

一顿在日本很容易吃到的怀石料理，要付五六千元，这已超出常理，你去吃吧，我绝对不会当傻瓜。

但是绝对有很多人肯出这个价钱，什么人呢？暴发户呀，越贵越好。

为什么诱惑不到我？因为我年轻时都试过，有什么了不起的，要这个价钱？值得吗？

我不是说凡是天价的东西都不能买，一瓶 1982 年的滴滴金（Chateau d'Yquem），由金黄色变为褐色，如果你付得起，就买吧，就喝吧，这是物有所值的。

一尾十几万元到数十万元的"忘不了"河鱼值不值钱？"忘不了"只是其价钱让人忘不了，它的亲戚像苏丹鱼、丁加兰鱼、巴丁鱼等，同样肥美无骨，这才吃得过。而且所谓的"忘不了"，野生的几乎已经绝种，能买到的多数是饲养的、冰冻得像石头的、吃起来一股臭腥味的次货。大家看到了价钱，不好吃也说好吃，证明自己不是傻瓜，何必呢？

鲍参肚翅又如何？早年我们都以合理的价钱吃过两头日本干鲍，味道好吗？好！目前的天价次货充斥，你还去吃吗？

海参做得好的话还是吃得过的，但有多少厨子能胜任？有些师傅连发海参也不会，做的海参吃出一股腥味，不好吃。

花胶最欺人，当今市面上的都是莫名其妙的鱼肚，连花胶的名字也对不上，吃了有益吗？不见得吧！

昔时的花胶可当药用，专治胃疾，但也要懂得去找，多数消费者买到的都不是正货。

至于鱼翅，为了环保，不吃也罢了。

我被请客时，上桌一看有这几样东西，就想跑开，连蒸一尾贵海鱼我都不想吃，最多捞一点鱼汁掺在白饭中扒几口。

贵的东西如此，便宜的食材也是一样的，一打起风[①]，芥蓝菜心贵出几倍来，值不值得去吃？我炒不涨价的洋葱也是可以吃上几餐的，何必和别人争呢？

"你都试了，可以说风凉话，我们呢？"小朋友问。

是的，人的欲望是无穷尽的。鱼子酱、黑白松露、鳗鱼苗、鬼爪螺等，未到千般恨不消，吃过了才可以说原来如此。

但当今都已成天价，谁吃得起？富贵人家吃得起。在他们眼中的千百万美元，不过是我们的三五千港元，这些人吃得起，但他们未必懂得吃、舍得吃。

能抗衡这些欲望的，只有知足二字。

偶尔犒赏自己是应该的，不然做人做得那么辛苦干什么？穷凶极恶地吃就不必了，也会吃出病来。

人生到了另一个阶段，就会回归纯朴，一碗香喷喷的白饭，淋上猪

---

① 粤语方言，指刮起风。——编者注

油和上好的豉油, 比什么超出常理的贵食材都好吃得多。

倪匡兄最记得的是初到香港时吃的那碗肥叉烧饭, 这倒是可以百食不厌的, 好东西并不一定是贵的, 而是看你怎么花心思去做。

顺德人做的叉烧, 用一管铁筒, 穿过半肥瘦的肉, 再注入咸蛋黄, 听到了也会流口水。

家里花时间煮来的老火汤也让人喝得感动, 当今还加了新花样, 做西洋菜汤时, 先把大量的西洋菜放进煲中煮, 再将同等分量的用打磨机打碎后放入汤中, 味道就特别浓厚了。做白肺汤时, 也是用同样的方法处理雪白的杏仁。

煎一块咸鱼, 也是天下的享受, 当然得买最好的马友或鳕白。虽然贵, 但那么咸的东西你能吃多少? 连小块咸鱼的钱也不肯花, 那就只能去吃麦当劳了。

吃遍天下, 像是年轻人的梦想, 但是世界有多大你知道吗? 让你活三世也吃不遍。

有这种志气是好的, 这才有动力去赚钱, 不偷不抢, 赚够了钱你就去吃你没吃过的东西, 你自己付出的努力, 是应该让你品尝的。

有能力吃是件好事, 但要吃得聪明, 不是那么容易的。吃东西也要聪明吗? 绝对的, 不吃超出常理价钱的东西, 就是吃得聪明的开始。

等你吃遍了, 最后还是会回归平淡。平淡的东西, 永远是便宜的、合理的, 永远是最好吃的, 永远不会超出常理。

猪油万岁论

老友苏泽棠先生，读了 8 月 16 日的《国际先驱报》中一篇赞美猪油的文章，即刻剪下寄给我，说想不到"猪油万岁论"竟有洋人在纽约发表，中西互相辉映。

谢谢苏先生了。我对于猪油的热爱，和许多老一辈的人一样，来自小时候吃的那碗猪油捞饭，在穷困的年代，那碗东西是我们的山珍海味，后来生活环境好的孩子不懂，夏虫不可语冰。

在繁荣稳定的现代社会中，猪油已被视为"剧毒"，是众病根源，是活生生的胆固醇，仿佛一碰即死。

也许是肥胖的猪给留下的印象吧？其实猪油真没那么坏，相信我，我吃到现在已 60 年，一点毛病也没有。

你坚持吃健康的植物油？我也不反对，我只是说植物油不香而已。

什么叫健康的油呢？

任何油都不健康，要是吃得太多的话。但一点油也没有，对身体只有害处。

经济转好的这二三十年来，餐厅所用的油几乎清一色是植物油。问侍者是否可以用猪油来炒一炒？即刻看到面有难色的讨厌表情："不，不，我们是不用猪油的。"

唉，好像走进了一家素菜馆。

吃植物油就那么安全吗？

任何一种油都不可能提供全面的营养。

但是，猪油是最香的，那不容置疑。

动物油中，牛油的饱和脂肪酸是 66 巴仙①，猪油只有 41 巴仙。

至于有用的抗胆固醇的单元不饱和脂肪酸，猪油有 47 巴仙，玉米油只有 25 巴仙。

好了，我们看洋人把牛油大量地涂在面包上，吃西餐时，我们也照做，一点不怕，还觉得有点假洋鬼子的味道，这是什么天理？

吃斋时，厨子把蔬菜或豆腐皮炒得那么油腻，虽说花生油的饱和脂肪酸只有 18 巴仙，而猪油的有 41 巴仙，但分量加倍的话，也等于在吃猪油呀！

简单来说：植物油对防高血压和心脏病确有帮助。但是，它们在烹调过程中容易产生化学变化，造成致癌风险。动物油较为稳定，致癌性较小。我们别看重一方面来吃，今天植物油，明天动物油，也是很健康的。

最可怕的，应是经过提炼的植物油，美国已经开始禁止。在美国超市中有许多所谓"处理"过的植物油，可以除去难闻的气味，还说能消除种子中有害物质，但这些处理过的油，有益的成分也被处理掉了，而在处理过程中，产生致癌物的可能性增高，非常危险。

有一份调查，采访了北京 40 个 100 岁以上的老人，问他们的饮食习惯，大多数寿星公都说喜欢吃红烧肉，而且几乎天天都吃，难道猪油是那么可怕吗？

做调查的人进一步实验，发现经过长时间文火烧出来的肉，脂肪含量低了一半，胆固醇也减了 50 巴仙，对人体有益的多元不饱和脂肪酸却大量增加。

---

① 指牛油中的饱和脂肪酸占总脂肪酸的比例，不同的牛油在这一比例上略有差异。——编者注

吃惯猪油的人如果一下子转向只吃植物油或一点肥肉都不吃的话，长期低胆固醇导致食欲不振、伤口不易愈合、头发早白、牙齿脱落、骨质疏松、营养不良等毛病，那才可怕呢。

猪油对皮肤的润滑，确有好处，而且能保暖。小时候看游泳横渡英伦海峡的纪录片，参赛者都在身上涂上一层白白的东西，那就是猪油了。

在英国，最高贵的"淑女糕点"（Lady Cake），也用大量猪油，法国人的小酒吧中，有猪油渣送酒，墨西哥的菜市场里，有一张张的炸猪皮。猪油的香味，只有尝过的人才懂得，他们偷偷地笑："真好吃呀！真好吃呀！"

天下不止火锅一味

湖南卫视的"天天向上"是一个极受欢迎的电视节目，主持人汪涵有学识及急才，是成功的因素，他一向喜欢我的字，托了沈宏非向我要了，我们虽未谋面，但大家已经是老朋友，当他叫我上他的节目时，我便欣然答应。

反正是清谈式的，无所不谈，不需要准备稿件，有什么说什么。当被问到"如果世上有一样食物，你觉得应该消失，那会是什么呢"时，我不经大脑就回答"火锅"。

这下可好，一棍子得罪天下人，喜欢吃火锅的人都与我为敌，遭舆论围攻。

哈哈，真是好玩儿，火锅会因为我一句话而被消灭吗？

为什么当时我会脱口而出呢？大概是因为我前一段时间去了成都，一群老四川菜师傅向我说："蔡先生，火锅再这么流行下去，我们这些文化遗产就快保留不下了。"

不单是火锅，许多快餐如麦当劳、肯德基等都会令年轻人只知那些东西，而不去欣赏老祖宗遗留给我们的真正美食，这是多么可惜的一件事。

火锅好不好吃？在有没有文化方面，不必我再多插嘴，袁枚先生老早代我批评过。其实我本人对火锅没有什么意见，只是想说天下不止火锅一味，还有数不完的更好吃的东西，等待诸位一一去发掘。你自己只喜欢火锅的话，也应该给个机会让你的子女去尝试别的，也应该为下一代种下一颗美食的种子。

多数的快餐我不敢领教，像汉堡包、炸鸡翅之类，记得我在伦敦街头，饿得肚子快扁，也不会走进一家快餐店，宁愿再走九条街，看看有没有卖中东烤肉的。但是，对于火锅，天气一冷，是会想吃的。再三重复，我只是不赞成一味吃火锅，天天吃的话，食物已变成饲料。

"那你自己吃不吃火锅？"小朋友问。

"吃呀。"我回答。

北方的火锅叫涮羊肉，到北京，我一有机会就去吃涮羊肉，不单爱吃，更是喜欢整个仪式，一桶桶的配料随你添加，芝麻酱、腐乳、韭菜花、辣椒油、酱油、酒、香油、糖，等等，好像小孩子玩泥沙般地添加，最奇怪的是还有虾油，等于南方人用的鱼露，他们怎么会想到用这种调味品呢？

但是，如果北京的食肆只有涮羊肉，没有了卤煮，没有了麻豆腐，没有了炒肝，没有了爆肚，没有了驴打滚，没有了炸酱面……那么，北京会变得多么沉闷！

　　南方的火锅叫火锅，每到新年是家里必备的菜式，不管天气有多热，那种过年的气氛，甚至到了令人流汗的南洋，少了火锅，就过不了年，你说我怎么会讨厌呢？我怎么会消灭它呢？但是在南方天天吃火锅，一定会热得流鼻血。

　　去了日本，锄烧（Sukiyaki）也是另一种类型的火锅，他们不流行把食材一样样地放进去，而是一锅煮出来；或者先放肉，比如牛肉，再加蔬菜、豆腐进去煮，最后汤中还放面条或乌冬。日式火锅我也吃呀，尤其是京都"大市"的水鱼^①锅，300多年来屹立不倒，每客3000多港元，餐餐吃，要吃穷人的。

　　最初抵达中国香港，适逢冬天，我即刻去吃火锅，将鱼呀、肉呀，全部扔进一个锅中煮，早年吃不起高级食材，菜市场有什么吃什么，后来经济腾飞，才会加肥牛之类，到了20世纪80年代的繁华时期，最贵的食材方能入食客的眼，但是我们还有很多的法国餐、意大利餐、日本餐、韩国餐、泰国餐、越南餐，我们不会只吃火锅，火锅店来来去去，开了又关，关了又开。代表性的"方荣记"还在营业，也只有旧老板"金毛狮王"的太太，先生走后，她还是每天到每家肉档去买那一头牛只有一点点的真正肥牛肉，到现在还坚守。我不吃火锅吗？吃，方荣记的肥牛我吃。

　　到了真正的发源地四川去吃麻辣火锅，发现年轻人只认识辣，不欣赏麻，其实麻才是四川古早味，现在人都忘了，看年轻人吃火锅，先把

---

① 粤语，指甲鱼。——编者注

味精放进碗中，加点汤，然后把食物蘸着这碗味精水来吃，真是恐怖到极点，还说什么麻辣火锅呢？首先是没有了麻，现在连辣都无存，只剩下味精水。

做得好的四川火锅我还是喜欢的，尤其是毛肚，别的地方做不过，这就是文化了。从前有种叫"毛肚开膛"的，还会加一大堆猪脑去煮一大锅辣椒，和名字一样刺激。

我真的不是反对火锅，我是反对做得不好，还能大行其道的。只会在酱料上下工夫，吃到的不是真味而是假味。味觉这个世界那么大，大得像一个宇宙，别坐井观天了。

浅尝数口，自得其乐，妙哉妙哉

口味跟着年龄变化，是必然的事，年轻时好奇心重，非试尽天下美味不罢休。回顾一下，天下之大，怎能都给你吃尽？能吃出一个大概来，已是万幸之幸。

回归平淡也是必然的，消化能力终究没有从前强了，当今只要一碗白饭，淋上猪油和酱油，已非常满足。当然，有锅红烧猪肉更好。

宴会中摆满一桌子的菜，已引诱不了我，只是浅尝而已。浅尝这两个字说起来简单，但要有很强大的自制力才能做到，而今只是沾边。

和解决一切烦恼一样，把问题弄得越简单越好，将一切答案简化至加和减，像计算机的操作，更能吃出滋味来。我已很了解所谓的一汁一菜的道理，一碗汤、一碗白饭，还有一碟泡菜，其他的佳肴，用来送酒，这儿吃一点，那儿吃一点，也就是浅尝了。

吃中国菜以及日本、韩国料理，浅尝是简单的，但一遇到西餐，就比较难了，故近年来我也少光顾。去西欧旅行时总得吃，我不会找中国餐馆，西餐也只是浅尝。

西餐怎么浅尝呢？全靠自制，到了法国，再也不去什么所谓精致菜（Fine Dining）的三星级餐厅，找一家 Bistro① 就好了，想吃什么菜或肉，点个一两道就是了。

如果不得已，我会先向餐厅声明："我要赶飞机，只剩下一个半小时时间，可否？"若去老朋友开的食肆，总能答应我的要求；没有这个赶飞机的理由，一般餐厅的人都会说："先生，我们不是麦当劳。"

当今最怕的就是三四小时以上的一餐，大多数菜又是以前吃过的，也没什么惊艳的了。依照洋人的传统去吃的话，等个半天，先来一盘面包，烧得也真香，一饿了就猛啃，主菜还没上就已经吃饱，如果遇上长途飞行和时差，已昏昏欲睡，在餐桌上倒头。

我已不欣赏西方厨子在碟上乱刷作画，也讨厌他们那种用小钳子把花叶逐一摆上的做法，更不喜欢他们把一道简单的鱼或肉，这儿加些酱，那儿撒些芝士，再将一大瓶西红柿汁淋上去的作风。

但这不表示我完全抗拒西餐，偶尔还会想念那一大块几乎全生的牛扒，也会吃他们的海鲜面或蘑菇饭。

全餐也有例外，像韩国宫廷宴那种全餐，我是喜欢的，吃久一点也

① Bistro 是法国的小餐馆、小酒馆。——编者注

不要紧，他们上菜的速度是快的。日本温泉旅馆的也是，全部一起拿出来，更妙。

目前高级日本料理 Omakase 在中国香港大行其道，为了计算成本和平均收费而设了一种制度，叫作"厨师发办"①，我最不喜欢这种制度，为什么不可以要吃什么点什么，那多自由！当今的寿司店多数很小，只做十人以下的生意，也最多做个两轮，它们得把价钱提高，才能有盈利，你一客多少钱，我就要卖得比你更贵一点，才与众不同。当今的一些寿司店每客 5000 元以上，酒水还不算呢，这是吃金子吗？我认为最没趣了。

像寿司之神的店，一客几十件寿司，每一件都捏着饭，不塞到你全身暴胀不可，这也不是我喜欢的。吃寿司，我只爱"御好"，就是爱吃什么点什么的意思，捏着饭的寿司可以在临饱之前来一两块。

很多朋友看我吃饭，都说这个人根本就不吃东西，这也没错，那是我一向养成的习惯，年轻时穷，喝酒要喝醉的话，空腹最佳，醉得最快。但说我完全不吃是不对的，我不喜欢当然吃不多，遇到自己爱吃的，就多吃几口，不过这种情形也越来越少了。

从前，大醉之后，回家倒头就睡，但随着年龄的增长，酒喝得少了，入眠就不容易了，常会因饥饿而半夜惊醒。旅行的时候就觉得烦，所以我在宴会上虽然不太吃东西，但是最后的炒饭、汤面、饺子等，都会多少吃一些。如果当场实在吃不下去，就请侍者们替我打包，带回酒店房间，能够即刻入睡的话就不吃，腹饥而醒时再吃一碗当夜宵，东西

---

① "厨师发办"指完全交给厨师安排料理。——编者注

冷了没有问题，我一向习惯吃冷的。

在外国旅行时，叫人家让我把面包带回去也显得寒酸，那怎么办？通常我在逛当地的菜市场时，总会买一些火腿、芝士之类的，如果有烟熏鳗鱼更妙，买回去一大包放在房间冰箱里，随时拿出来送酒或充饥。

行李中总有一两个杯面，取出随身带着的可以扭转插上的双节筷子吃。如果忘记带杯面，我便会在空余时间跑去便利店，什么榨菜、香肠、沙丁鱼罐头之类的买一大堆准备应付，用不上的话，就送给司机。

在中国工作时，出门一堵车就要花上一两个小时，只能推掉应酬，在房间内请同事们打开当地餐厅的 App 叫外卖，来一大桌吃的东西，浅尝数口，自得其乐，妙哉妙哉。

俗气的食物，不如叫饲料

我虽然劝人家什么都吃，但我自己也有一些绝对不吃不喝的东西。

咖啡

我太喜欢喝茶了。一爱上，就眷个头[①]去研究。没有时间分心，我知道要是再喝咖啡的话，就惨了。像我也喜欢京剧，却不敢涉足。

菠萝

粤人称之为菠萝，我们南洋人称它为黄梨。小时候，到马来西亚去旅行，路经一片片的黄梨园，一望无际。已到收割的时候，街边堆满了，没人去管，我们把车子停下，拾几个来吃。

没有带刀子，只有把黄梨扔在石头上，砸烂了就那么吃进口，要吃多少吃多少。真甜，黄梨最好吃的部分是它的心，比甘蔗更爽脆甜美。吃多了，发现嘴和舌头都被黄梨的纤维割破，痛得要死。

从此对黄梨起了恐惧心，看到它头皮就发痒，不小心吃进一块，头

[①] 粤语方言，意为低着头。——编者注

上出汗，淋至额。偷东西的报应也。

我想我可以强迫自己吃更多的黄梨来克服恐惧，但年纪已大，不必做这些无谓的事。

猫

那么有灵性的动物，怎么吃得下？

有些人说猫是外星人，这一点我深信不疑。

要是漂泊在小岛上，没有食物，只剩下猫。那么，我想我也不会吃它，把自己当猫粮可也。

除了这三种东西，基本上我可以什么都尝一口，喜欢和不喜欢又是另外一回事儿。

试过之后，而觉得不爱吃的，倒是不少。

小唐菜

这种日本人叫作长绿菜的蔬菜，飞机餐最爱用，加热后不变色，也不变味。当然不变味，因为它本身就没味嘛。吃它不如吃草，至少草腥。

蒟蒻

又称魔芋，由蒟蒻地下茎采取的淀粉制成。当今流行掺入果汁来代替啫喱，但不能像啫喱一样溶化，所以很多老人家吃了哽死。蒟蒻完全要靠别的东西给予它味道。那么，不如吃那些有味道的东西。

年糕和白面

道理和蒟蒻一样，它本身是无味的。上海炒年糕固然不错，但我只选配料来吃。这一系列的食物我都不喜欢，包括北方和上海的面和日本的乌冬，因为它既无味又不爽脆，我爱吃的是全蛋面，碱水下得多也照吃不误。而且，我还那么嗜食碱水味。

马铃薯

这种北方人称为土豆的东西，我对它没有太大反感，但印象被洋人的炸薯条破坏了，不懂得美食的人才会欣赏炸薯条。用来切丝炒菜，也不是什么美味，偶尔食之，是和咖喱鸡一块儿煮的时候。吃个一块，已是给面子。

西兰花

不管是绿色的西兰花，还是白色的椰菜花，我都不喜欢。没什么理由可言，要找借口的话，只能说它们没有个性，无独特的味道。

其他的我什么都吃，尤其是被认为最不健康的高胆固醇类的食物，愈吃愈香。不过，有些食物，是在观念上惹我反感的。

斋

看到素菜店的假叉烧、假烧鹅、假鱿鱼，我就反胃。这些食物很油，又加很多味精，不好吃还不算，观念上，他们卖的是肉，已经违反了吃素的原则。对所有假的东西，我都讨厌，代表性的还有假蟹肉。现在发明了假乌鱼子，更是罪过。

所有人工培育的肉类

当今的虾，已无味，人工养殖的嘛，黄脚立更只剩下形状，真正天然的有一股幽香，已快绝种。农场鸡不好吃，生出来的蛋更咽不进口。

连锁性快餐店

也说不出原因，不喜欢就是不喜欢，认为这里都是次等食物。有一次在伦敦街头，举目尽是快餐店，连吃一个轻便的午餐都无处觅，但我宁肯饿死也不肯走进麦当劳。

融合料理

东西结合，本来是件好事，但是食物最基本的要求，是要做得美味。当今的所谓新派料理，不求味道好，只求形态美，主张健康，但吃完已经是绝不健康了，大脑生了病，身体怎会健康。

花巧菜

中餐中常有些冷盘，用蔬菜插只龙或凤，我一想到厨师用手去又摸又搓这些食物，就感到恶心。花那么多时间去弄摆设，做食物一定没有把握。

还我天然，还我纯朴。冬瓜豆腐我就很喜欢，豆芽炒豆卜更是百食不厌的。

任何最普通的材料都能做出美味的菜来，问题是肯不肯花时间去找、肯不肯花工夫去做。

能够把平常的食材变成佳肴，是艺术，不逊于绘画、文学和音乐，人生享受也。

把食物弄得通俗平凡，已不叫食物，叫饲料。

吃，是一种生活态度

好吃的小摊贩卖的食物一件件消失。你去找，还是有的，但是，却是有其形而无其味，吃什么都是一口像发泡胶的东西，加上一口味精水。

因为大家不要求，而没有了要求，就没有了供应，美食是绝对不能存在下去了，剩下的只是浮华的鲍参肚翅，这些食材，也慢慢地被吃到绝种。

"你会吃，你去提倡呀，你去保留呀。"友人说。没有用的，大趋势，扭转不过来。有句话讲"打不过，就去加入他们吧"，我看今后，也只有往快餐这条路上走了。

但是，尽管多是糊口求生的，也有可以吃得优雅的。

我还是对年轻人充满希望，我相信他们之中，一定有人对自己有要求，对生活的质量有要求，不必跟随别人走。

先得保证自己有独立思考能力，不管别人会不会吃，自己会吃就是了。但是，鲥鱼、黄鱼等已经濒临灭绝，那也不要紧，就像我在印度的山上，一个老太婆每天煮鸡给我吃。我吃厌了，问她："有没有鱼？"她说："没有，鱼是什么？"我说："啊，你不知道鱼是什么，我画一条给你看看。"老太婆看了说："啊，这就是鱼？样子好怪。"

我骄傲地说："你没有吃过鱼，好可惜呀！"

"我没有吃过，又有什么可惜呢？"老太婆回答。

是的，年轻人说，我没有吃过鲥鱼，我没有吃过黄鱼，又有什么可惜呢？

在我短短的几十年生涯中，已看到食材一种种地减少，忽然之间，就完全不见了。小时候吃的味道也一样，再也找不回来了。

为什么？理由非常之简单，年轻人没有试过，不知道是怎么一回事，觉得不见就不见，不是他们关心的事，只要有游戏打，吃什么都不重要。

城市生活的富裕，可以使子女不必像他们的父母一样拼命，他们不担忧食物，也不必考虑有没有地方住，反正爸妈会留下房子来，为什么要那么辛苦？

连街边小贩的生活也逐渐改变，有了储蓄，就想到退休。说实在的，每天干活，一天干十几小时，脚也会出毛病，忽然有一批新移民涌了进来，他们也要找点事做，啊，就把摊子卖给他们吧！

你卖给我，我不会做呀！容易容易，煮煮面罢了，又不是什么高科技，你不会做，我教你做好了，三天就学会，不相信你试试看。

试了，果然懂得怎么做，真聪明，我早就告诉你很容易嘛，你自己学会了，可以自己去赚钱。

基本上的东西是不会灭绝的，一碗好的白米饭，一碗拉得好的面，总会在那里。

今后的食物，只会越来越简单，但是，我们总得要求吃得好、吃得精。什么地方的菜最好，什么地方的面最好，一种种地去追求，一种种地去比较，一比较就知道什么地方的最好了。

大家都往简单的和方便的路上去走，年轻人的味觉正在退化，但是我希望年轻人对生活的热情不会消失。

回到基本生活中吧，一碗白饭，淋上香喷喷的猪油，是多么美味！

什么？猪油，一听到就已经吓破胆！

但是怕什么呢？

猪油是好吃的，猪油是香的，像我早已说过无数遍一样。

也像我说的，鲑鱼刺身别去吃，有虫的，大家不相信，现在吃出了毛病，又怪谁呢。

我们年纪大了，吃的东西越来越简单，所以有"变成主食控"这个讲法，其实，年轻人也是"主食控"，不过他们的主食变成了火锅而已。

简单之余，要求精。炊饭的时间得控制得准，米饭要一粒粒煮得亮晶晶的。面条要有弹力，要有面的味道。

吃，是一种生活态度、一种热情，其他的可以消失，但是热情不可以消失。